U0298662

车载激光雷达点云数据处理及应用

王金虎　李传荣　周　梅　邱　实　著

科 学 出 版 社

北　京

内 容 简 介

近年来，随着自动驾驶、智能交通及智慧城市等领域的快速发展，对城区及道路环境精细化、定期更新的三维数字地图的需求越来越迫切。车载激光雷达作为一种主动式探测技术，具有部署灵活、可全天时快速采集高精度三维点云数据的特点，已广泛应用于动态环境感知与实时导航、自动化精细目标识别与信息提取、高精度三维数字地图制图等领域。然而，车载激光雷达采集的三维点云数据具有大数据量、不规则分布、精度不均一等特征，导致从此类数据中高效率、高准确度、高精细度信息提取困难。本书以车载激光雷达所获取的稠密三维点云数据为研究对象，分别从山区道路环境安全监测、单木分割及参数提取、道路环境感兴趣目标自动化识别提取的应用研究出发，提出了有效的数据处理流程和方法，并给出了详细的方法描述及精度分析。

本书适合车载激光雷达数据处理、测绘工程和数字城市等相关学者及从业人员阅读。

图书在版编目（CIP）数据

车载激光雷达点云数据处理及应用 / 王金虎等著. — 北京：科学出版社，2022.10

ISBN 978-7-03-073387-0

Ⅰ. ①车…　Ⅱ. ①王…　Ⅲ. ①车载雷达－激光雷达－数据处理－研究　Ⅳ. ①TN959.71②TN958.98

中国版本图书馆 CIP 数据核字（2022）第 189515 号

责任编辑：陈　静 / 责任校对：杨　然

责任印制：苏铁锁 / 封面设计：迷底书装

科学出版社出版

北京东黄城根北街 16 号

邮政编码：100717

http://www.sciencep.com

北京凌奇印刷有限责任公司印刷

科学出版社发行　各地新华书店经销

*

2022 年 10 月第　一　版　开本：720×1000　1/16

2022 年 10 月第一次印刷　印张：9 1/4　插页：7

字数：181 000

POD定价：98.00元

（如有印装质量问题，我社负责调换）

序

近年来，随着智慧城市、自动驾驶、智能交通及数字孪生等领域的快速发展，对城市及道路环境中感兴趣目标的高精度、精细化描述的需求也日益迫切，传统的地理时空信息采集方式已不能满足当前针对上述应用场景时的高时效、高精度及高精细度的应用需求。车载激光雷达作为一种主动式全天时高精度空间信息采集系统，以稠密三维点云数据的形式高效获取道路环境感兴趣目标的精细三维时空信息，在上述领域均具有巨大的应用潜力和前景。

然而，车载激光雷达系统所采集的稠密三维点云数据具有离散无序排列、空间不规则分布、海量高密度分布等特点，致使基于此类数据在面向新时代数字化精细应用时存在多源异构数据管理困难、多尺度多时相数据匹配复杂及对感兴趣目标精细信息提取智能化水平较低等诸多瓶颈和挑战。

该书从介绍车载激光雷达系统构成、常见点云数据组织方式及数据处理方法出发，详细阐述了基于车载激光雷达稠密三维点云数据的山区道路环境几何参数提取及安全监测、单木分割和精细参数提取及城区道路环境中典型要素识别等方法，涉及车载激光雷达系统及其数据应用到实际需求的诸多场景。

相信该书的出版将会对基于车载激光雷达系统及其数据的研究和应用发挥重要的启示及参考作用，有望进一步推动其在激光雷达数据处理技术领域的应用，助力提升我国地理空间信息服务和应用水平。

李德仁

前　言

车载激光雷达是一种集成了激光扫描仪、卫星导航系统、惯性导航系统及影像采集系统等多种传感器的主动式高精度空间信息采集系统。该系统通过同步控制各子传感器系统，进行数据采集并实现轨迹解算、定姿定位，最终获得道路环境的高精度空间三维点云数据。车载激光雷达系统及所获取的稠密三维点云数据已广泛应用于诸如道路环境高精度数字地图生成、路面标识清查、路灯路标检测、道路裂缝提取、行道树信息精细提取及山区道路安全监测等领域。

本书以车载激光雷达所获取的稠密三维点云数据为研究对象，以车载激光雷达系统在山区道路环境安全监测、单木分割及精细参数提取、道路环境感兴趣目标自动化识别提取的应用研究为目标，在系统总结上述应用领域研究进展的基础上，分别提出了有效可行的数据处理方法，给出了详细的算法描述、分析及讨论。

本书内容共 6 章，具体结构为：第 1 章概要介绍激光扫描系统、点云数据及其应用场景；第 2 章重点介绍了车载激光雷达系统组成，阐述了针对稠密三维点云数据的基本处理流程和常见的应用领域及其现状；第 3 章介绍了常见的用于稠密三维点云数据高效组织的空间数据结构及其应用；第 4 章针对山区道路环境的工程应用及安全监测，详细介绍了一种基于车载激光雷达系统的山区道路拓宽挖方量计算及道路表面径流估算方法，并给出了方法的精度评定方法；第 5 章介绍了一种基于体素的城区和道路行道树的单木分割及精细参数提取方法，给出了算法的详细流程和面向多平台点云数据的分割实验验证，最终给出了相对于真实数据的精度评定；第 6 章介绍了一种针对道路环境中典型交通设施自动识别提取方法，详细阐述了该算法的流程并给出了基于测试数据的精度分析。

中国科学院空天信息创新研究院的腾格尔、姚强强、陈林生等参与了书中部分章节的校稿工作，在此表示衷心感谢。

由于近些年该领域的快速发展及受作者认知水平和经验所限，书中难免有不足和疏漏之处，恳请各位专家和读者不吝指正并告知作者(jinhu.wang@aircas.ac.cn)，将不胜感激。

作　者

2021 年 12 月

目　　录

第1章 绪 论

1.1 激光扫描

完备与及时更新的城市空间设施及要素资产清单，包括道路面、建筑物、行道树、路灯杆和交通标志等，对一个城市的管理、经济发展等是不可或缺的。一般地，城市要素特征和物体的三维坐标由经纬仪、全站仪和水准仪等传统测量技术量测而得。然而，传统测量技术需要直接接触目标，抑或测量距离有限。自20世纪70年代以来，全球定位系统(global positioning system，GPS)的出现使得获取物体或感兴趣目标的三维坐标更便捷(McNeff，2002)。然而，GPS存在诸如在城市特定环境下精度低、信号不稳定等问题。特别地，GPS采集空间三维点坐标的频率为1Hz，不满足城市及道路场景的大数据量和精细测量的应用需求。近年来，随着诸如自动驾驶、智慧城市及智能交通等领域的快速发展，对高精度的城市地图有着越来越广泛的需求。有效和定期可更新的城市空间及道路环境数据库对于保证城市的整体社会服务功能等至关重要。然而，传统的空间数据采集技术，存在诸如劳动强度大、效率低等特点，已不能满足当前日益增长的高精度、高效测量的应用需求。

在过去的四十年里，固态电子学、光学和计算机科学等领域的快速发展使得构建可靠、高分辨率和精准的激光扫描系统成为可能(Vosselman et al.，2010)。1977年，美国国家航空和航天局(National Aeronautics and Space Administration，NASA)研制了一种四波长的机载海洋物理激光雷达探测系统。该系统通过激光器发射激光脉冲并接收后向散射返回探测器的激光能量，定量估计了藻类中的叶绿素浓度和其他生物和化学物质含量(Browell et al.，1977)，然后将距离量测值与全球导航卫星系统(global navigation satellite system，GNSS)和惯性导航系统(inertial navigation system，INS)相结合，求得物体表面在激光照射下的三维坐标(Vosselman et al.，2010)。得益于全球导航卫星系统和惯性导航系统的发展，1993年，专门用于地形测绘的第一架商用机载激光扫描样机问世(Flood et al.，1997)，实现了精确的位置和方向测量(King，1998)。

一般地，一套经典的激光扫描系统主要包括：①激光测距单元；②光电机械装置；③定位与测姿单元；④控制、处理和记录单元(Wehr et al.，1999)。现代激光扫描系统每秒可采集数百万个高度精确的点，这使得获取高精度三维坐标数据变得非常高效(Nelson et al.，1984；Scheier et al.，1985)。20世纪七八十年代，剖面扫描式激光雷达被广泛用于测高、林业等领域，建立了激光用于遥感的基本原理及方法(Clarke et al.，1970；Menenti et al.，1994；Winker et al.，1996；Liebowitz，2002)。在近二十几年的时间里，激光扫描已被广泛应用于地形测绘、基础设施建模和对感兴趣对象的重建及变化监测(Kraus et al.，1998；Garvin et al.，1998；Maas et al.，1999；Hyyppä et al.，2001；Vosselman et al.，2010)。

1.2　激光扫描系统

根据激光雷达系统的安装平台，可将激光扫描系统分为星载激光扫描(spaceborne laser scanning，SLS)、机载激光扫描(airborne laser scanning，ALS)、地面激光扫描(terrestrial laser scanning，TLS)和移动激光扫描(mobile laser scanning，MLS)四大类。由于这些系统有不同的测量原理和不同的扫描机制，所采集的数据集也有很大的不同。图1.1给出了上述四种激光雷达系统以及相应的采集数据集示例。

图1.1(a)为ICESat(Ice, Cloud, and land Elevation Satellite，冰、云和陆地高程卫星)/GLAS(geoscience laser altimeter system，地球科学激光测高系统)所搭载的星载激光扫描(SLS)系统所采集样本点云数据。SLS点云已广泛应用于大尺度的地形、冰川监测及林业调查研究中。但由于点云数据分布过于稀疏，并不适用于城市环境监测和测绘。

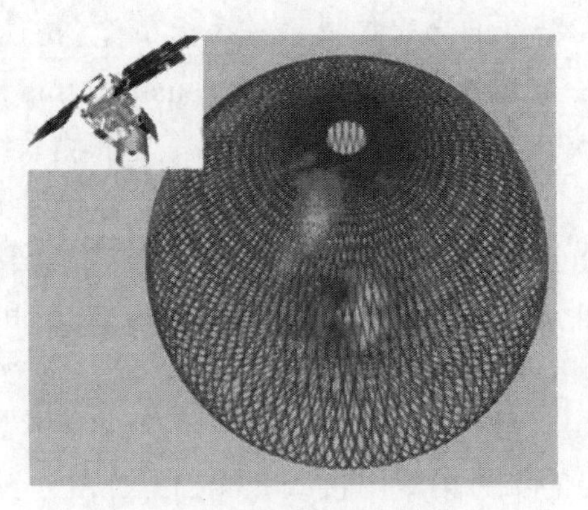

(a) ICESat/GLAS SLS和实测点云数据

(b) ALS系统及荷兰代尔夫特理工大学图书馆的示例点云数据

(c) 徕卡C10 TLS及其所采集的三维点云数据

(d) 车载激光扫描系统及其所采集的城市三维稠密激光雷达点云数据

图 1.1 不同激光扫描系统及相关样本点云数据集

GNSS 为全球导航卫星系统；IMU 为惯性测量装置

机载激光扫描(ALS)系统所采集的点云数据，具有更高的点密度和高精度的空间三维坐标，如图 1.1(b)所示。基于 ALS 点云数据，面向不同的应用需求已进行了大量的研究并取得了一系列成果。例如，基于机载激光雷达点云数据进行数字高程模型(digital elevation model，DEM)和数字地形模型(digital terrain model，DTM)等的生产(Vosselman，2000；Pfeifer，2001；Briese et al.，2002)，三维建筑重建(Maas et al.，1999；Vosselman et al.，2001；Rutzinger et al.，2009；Xiong et al.，2014)，森林资源调查和参数估算(Hyyppä et al.，2001；Persson et al.，2002；Gorte et al.，2004；Morsdorf et al.，2006)，土地分类(Rutzinger et al.，2008；Guo et al.，2011；Mallet et al.，2011)等领域。然而，机载激光雷达的扫描机制使得它不太可能获得精细的建筑立面、较窄的街道道路表面及树干信息。此外，对于路灯杆、交通标志、交通灯等街道基础设施，机载激光扫描系统只能采集较少的点云。这也导致机载激光扫描系统所采集的点云数据不适用于识别和监测这些道路元素。

地面激光扫描(TLS)系统可以安置在一个固定架设的三脚架上获取感兴趣目标的精细稠密三维点云，如图 1.1(c)所示。TLS 传感器能够近距离扫描感兴趣目标，其最突出的优点是所采集的点云数据三维精度及点密度高，每平方米可以高达数万个点。TLS 点云已被广泛用于文化遗产的三维信息采集及重建(Fröhlich et al.，2004；Haddad，2011；Fregonese et al.，2013)，感兴趣目标变化检测(Monserrat et al.，2008；Zogg et al.，2008；Abellán et al.，2010；Hohenthal et al.，2011)，隧道测量及形变检测(van Gosliga et al.，2006)，3D 重建(Pu et al.，2006；Li et al.，2010b)和三维建模(Aschoff et al.，2004；Henning et al.，2006；Brenner，2005；Liang et al.，2013)。然而，TLS 系统是从一个固定的三脚架对感兴趣目标进行数据采集，扫描范围有限。因此，TLS 系统在城市级大区域数据采集等应用领域并不适用。

移动激光扫描(MLS)系统的出现克服了在面向城市和道路环境的高精度精细三维重建及变化监测等应用时，SLS 和 ALS 点云数据的低点密度及 TLS 系统低敏捷性的应用缺陷。MLS 采集的点云数据具有与 TLS 相似的点密度，但部署更加灵活。如图 1.1(d)所示，安装在车辆上的激光雷达系统在行驶方向上连续地描绘道路环境要素。MLS 系统集成了高精度定位测姿系统(position and orientation system，POS)。与 TLS 系统相比，MLS 系统在空间覆盖效率上有了巨大的改进，并能获得大区域高精度稠密三维点云数据。此外，诸如建筑物立面和树干，都可以通过 MLS 系统进行高精度精细扫描。这些特性使得 MLS 在需要高分辨率地面数据的道路环境场景尤其具有优势(Barber et al.，2008；Puente et al.，2013a)。近年来，国际上该领域学者及工业界相关人员研发了多种 MLS 系统，这些系统的详细信息及系统特点均可在 Puente 等(2013a)中查询。利用 MLS 采集的点云数据，可提取出多种道路环境要素的几何信息，如路面几何、路边树、灯杆、交通标志和交通灯等。到目前为止，MLS 点云已经应用于城市路面几何提取(Jaakkola et al.，2008；Brenner，2009；Guan et al.，2015)，道路基础设施清查(Lehtomäki et al.，2010；Pu et al.，2011；Yang et al.，2013a)，道路标识识别提取(Kumar et al.，2014；Guan et al.，2014)，道路要素提取(Lehtomäki et al.，2010；Cabo et al.，2014；Yang et al.，2015)和路边树的提取和监测(Rahman et al.，2009；Rutzinger et al.，2010；Li et al.，2012；Vega et al.，2014)。

1.3 数据处理与信息提取的挑战

尽管MLS数据应用取得了上述成就，但是许多现有方法存在要么只提取特定类型的对象，要么只在有限案例研究的级别上进行感兴趣目标识别及信息提取的问题。然而，有许多种类的城市和城市道路设施的数据库更新、监测和管理至关重要。与此同时，城市道路环境MLS点云采集量急剧增长，现有方法大多缺乏可扩展性，使得处理的计算量和输出质量都不可控。因此，迫切需要研究可扩展的方法来有效地从庞大的MLS点云数据中提取更详细的几何信息。

然而，在将MLS和获取的点云应用于道路环境评价中还存在以下几个问题。

1. 道路环境高度复杂

城市道路本身由三大部分组成，即道路结构、路面和路边设施(Turner，2007)。如图1.2(a)和图1.2(b)所示，城市道路的每个部分都有许多类型的设施组件。这些因素决定了道路环境几何信息的整体复杂性，使得道路环境几何信息的提取变得复杂。

在山区道路环境下，与道路拓宽和养护有关的工程施工中，开挖是不可避免的(图1.2(c))。地形的复杂性给挖掘量的估算带来了困难。此外，水流侵蚀是道路损坏的一个主要原因，如图1.2(d)所示。MLS和三维点云数据处理与信息提取为山区道路工程的损伤评估和道路工作准备提供了一种有效的方法。

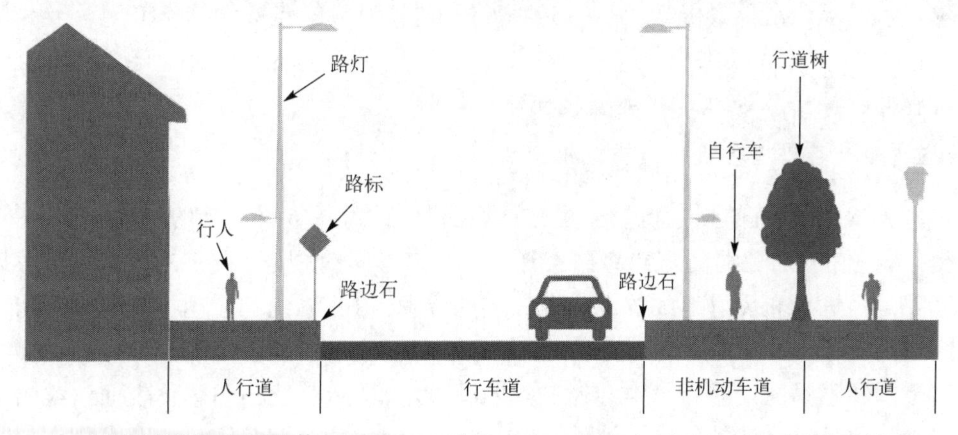

(a) 城市道路的横断面(道路环境由路面、行人、车辆、灯杆、交通标志、路边树木等多种道路要素组成)

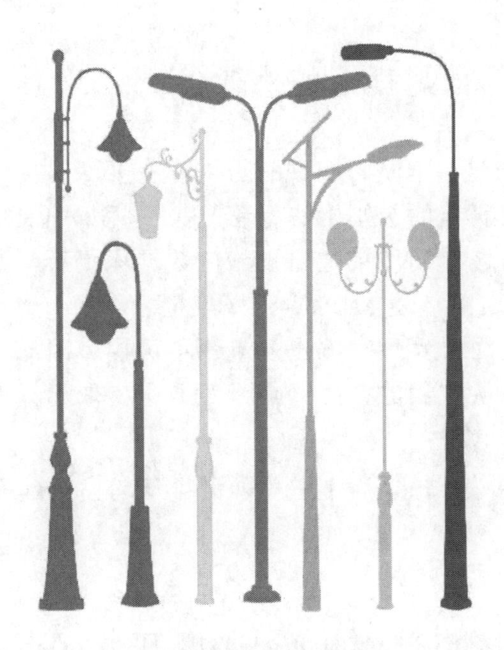

(b) 不同类型的路边灯杆

(c) 开挖山路(山体滑坡后，如需扩阔或维修)

(d) 雨水侵蚀造成的道路损坏

图 1.2 高度复杂的道路环境

2. 采集的数据集庞大

图 1.3(a)显示了在一条 100m 长的道路上扫描获取的点云。它由 2421748 个点组成，标准的 LAS 格式的文件大小为 102.8MB。当考虑城市级别的道路时，获取的数据集将是巨大的。例如，图 1.3(b)显示了荷兰代尔夫特市完整的道路网络，代尔夫特的城市道路总长度为 397544.66m。估计对应的点数约为 100 亿，LAS 格式的点云大小约为 400GB。此外，还采集了视频和全景图像。对于普通计算机来说，存储、操作和处理这些数据将会比较耗时。

3. 点云数据差异大

由于 MLS 系统的扫描机制和道路环境的复杂性相关，采集到的 MLS 点云在点密度、噪声水平、数据间隙和离群值等方面具有不同的质量。图 1.3(a)中点云数据的缝隙是由遮挡和反射造成的。由于扫描几何和 MLS 系统的原理，点密度随物体的距离而变化。对象上的点密度越高，捕获的对象细节就越多。此外，激光入射角、扫描范围和不同的反射材料也会影响点的噪声水平。入射光线与物体表面法线的偏差越大，信号水平就越弱(Soudarissanane et al.，2011)。此外，目标距离扫描仪越远，获得的点的精度越低(Vosselman et al.，2010；Puente et al.，2013a)。

(a)城市场景的MLS点云采样

(b)代尔夫特市城市路网俯视图

图 1.3 荷兰代尔夫特市的 MLS 点云和城市道路网络示例

4. 缺乏灵活的针对感兴趣对象的识别方法

对于 MLS 点云的目标识别，有多种方法可供选择(Cabo et al.，2014；Yang et al.，2015；Guan et al.，2015；Teo et al.，2015)。然而，这些方法不能识别道路环境中特定感兴趣的物体，而只能粗略地对物体进行分类，如将杆状物体分为一类。此外，这些方法通常是不灵活的，这意味着用户不能轻松地在计算开销和输出的质量之间取得平衡。

1.4 本章小结及各章节安排

本章简要回顾了激光雷达系统的发展背景、数据处理所面临的问题和研究目的，并阐述了主要研究内容。

其余各章节安排如下。

第 2 章是对 MLS 系统及其组成部分的概述，然后介绍了一种典型的 MLS 点云处理流程以及目前的 MLS 应用现状。

第 3 章介绍了本研究中用于重采样高密度 MLS 点云的两种高效数据结构，即体素和八叉树。内容包括邻域搜索策略及其应用。

第 4 章介绍了山地道路工程中 MLS 扫描点云的应用，并将其应用于挖掘量的估算和水流方向的估算。

第 5 章主要研究基于体素的相邻城区及路边行道树的单木化及参数提取方法。

第 6 章介绍了一种能够鲁棒识别路边感兴趣目标的三维特征描述算子及其在道路设施目标自动识别中的应用。

第 2 章　移动激光扫描系统

本章首先介绍典型移动激光扫描(MLS)系统的主要构成，并讨论可在不同环境中作业的移动激光扫描系统；然后简要介绍目前常用的测绘级车载激光扫描系统的点云数据处理流程及其应用领域等。

2.1　移动激光扫描系统及应用场景

移动激光扫描系统是采用同机载激光扫描系统和地基激光扫描系统相似的原理发展而来的一种激光扫描系统。通过将激光扫描系统安装在道路、铁路或者水上等移动平台快速获取稠密三维点云数据的都可称为移动激光扫描系统。通常移动激光扫描系统由激光扫描仪、定位测姿系统(POS)和其所搭载的平台组成。激光扫描仪以点的形式采集其周围目标或环境要素的距离及后向散射强度信息。定位测姿系统由全球导航卫星系统(global navigation satellite system，GNSS)和惯性测量单元(inertial measurement unit，IMU)组成，这样既可提供系统在全球坐标系中的位置信息，也可提供系统的瞬时姿态信息。搭载平台也可以获取实时的里程计信息。将以上 3 个系统的数据集成处理后，即可获得全局坐标系中的地理编码点云数据。

2.1.1　激光扫描仪

激光扫描仪是一种主动发射激光对周围地物进行成像的设备，可将目标表面点数据记录到扫描仪坐标系中。这些表面点的坐标可通过扫描仪进行测距和测角计算得到。其中，激光扫描仪主要采用激光脉冲测量其与目标之间的距离及脉冲的后向散射强度信息。

激光测距仪到目标距离的测量通常采用以下两种方法：飞行时间测距法和连续波法。飞行时间测距法是通过精确测量激光脉冲在激光扫描仪和测量目标间的飞行时间，进而获取距离的方法。如图 2.1 所示，激光脉冲发射器发射一束激光脉冲，脉冲到达目标并后向散射回接收器。由所记录的脉冲飞行时间计算目标和扫描仪之间的距离。

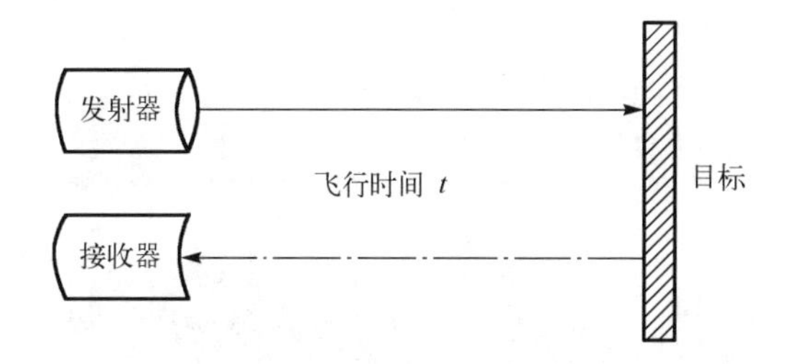

图 2.1　飞行时间测距法激光测距仪原理

通过计算飞行时间，由式(2.1)可求得扫描仪和目标之间的距离。

$$R=\frac{ct}{2} \tag{2.1}$$

式中，R 为距离值，激光在真空中的传播速度 c=299792458m/s，t 是激光脉冲的飞行时间。

连续波法通过发射连续的电磁波并通过发射和接收到电磁波的相位差来计算到目标物之间的距离。虽然基于相位差测距的方法在精度上比脉冲式更高，但是其作业距离较短。

2.1.2　定位测姿系统

定位测姿系统(POS)测量的位置和姿态信息将移动平台的参考坐标系变换到当地或者全局坐标系中。定位测姿系统由全球导航卫星系统(GNSS)和惯性测量系统(IMU)组成，GNSS 通过卫星定位技术提供移动激光扫描系统的绝对坐标信息，IMU 提供姿态信息。

IMU 包括惯性测量载荷即陀螺仪和加速度计。陀螺仪测量定姿定位系统在本体坐标系中的角度变化率。加速度计记录定位测姿系统的加速度值(Crassidis，2006)。随着激光雷达平台的移动，IMU 记录了平台的旋转和加速度的变化。通过陀螺仪和加速度计，IMU 记录横滚(ω)、俯仰(φ)和航向(κ)三个方向的姿态信息。方位角(或姿态角)是相对于激光雷达平台在 X, Y, Z 三个方向轴的旋转量。图 2.2 是荷兰辉固国际集团(Fugro)的一部车载激光扫描系统，图 2.3 是该移动激光扫描系统的传感器详细组成图，在该车载激光扫描系统的两侧分别装了一个激光扫描仪和一套定位测姿系统，同时系统采用全景相机采集环境的全景影像。

图 2.2　车载激光雷达扫描系统(图片来源：Fugro Geospatial Services)

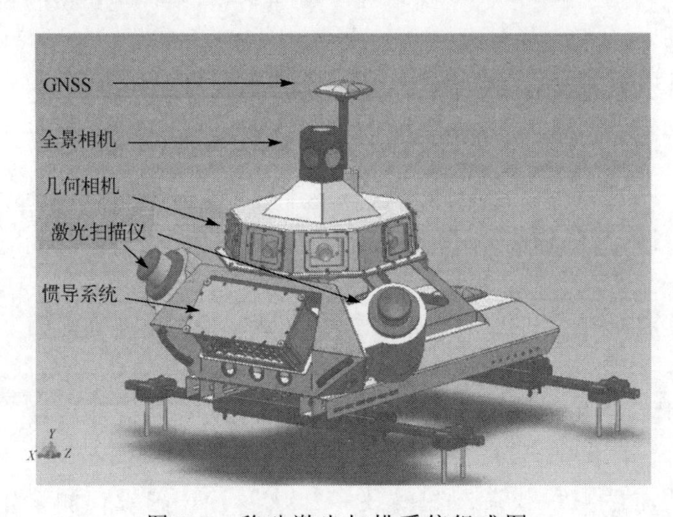

图 2.3　移动激光扫描系统组成图

2.1.3　移动激光扫描系统应用场景

除了安装到车上，还可将激光扫描系统安装到船上，如图 2.4 所示。图 2.4(a)和图 2.4(b)分别为将图 2.2 中的移动激光扫描系统安装到了船上和系统扫描所采集的点云数据。

同样，此套系统还可以安装到火车上来进行铁路运行环境的扫描。图 2.5(a)所示为移动激光扫描系统安装到了火车上；图 2.5(b)为该系统所采集的三维稠密点云数据。

(a)船上船载激光扫描系统装配实物图

(b)船载激光扫描系统获取的点云图

图 2.4　辉固国际集团的船载激光扫描系统及其点云

(a)火车上移动激光扫描系统装配实物图

(b)火车上移动激光扫描系统获取的点云图

图 2.5　移动激光扫描系统火车搭载图及其点云数据

(图片来源：Fugro Geospatial Services)

此外，2012 年 Kukko 等开发出了一款背包式移动激光扫描系统，使在沼泽和密林这些车载设备无法到达的地方进行激光雷达扫描成为可能(Kukko et al.，2012)。图 2.6(a)是该背包式移动激光扫描系统现场数据采集图；图 2.6(b)是此套设备获取的点云数据和扫描轨迹。

(a)背包式激光扫描系统操作现场图

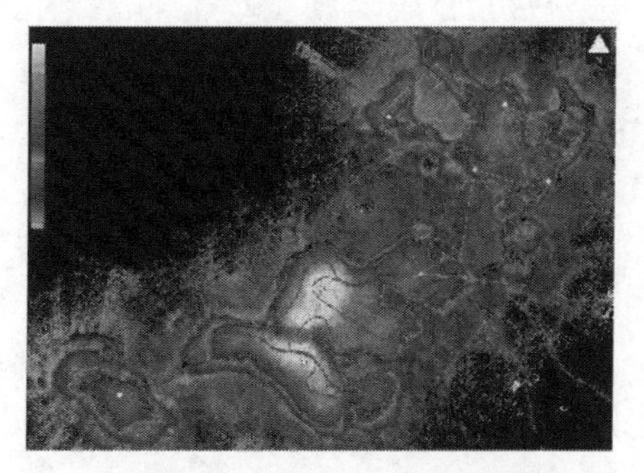
(b)背包式激光扫描系统获取的点云数据和扫描轨迹(粉色线)

图 2.6　背包式激光扫描系统及样例点云数据和扫描轨迹(见彩图)(Kukko et al.，2012)

2.2 数据处理流程

本节将介绍激光扫描系统所获取点云的处理流程，主要包括：滤波、分割和其他应用。

2.2.1 滤波处理

激光雷达点云数据处理中，滤波处理是将地面点云及非地面点云从原始点云数据中进行分割的处理步骤(Sithole et al.，2004)。图 2.7 所示的是一个城区场景的点云数据。其中，图 2.7(a)是原始的点云数据，图 2.7(b)是经过滤波后地面点和非地面点分开的点云数据。

(a)原始三维点云数据(滤波前)　(b)经过滤波后分割开的地面和非地面点云数据

图 2.7 滤波前后点云数据

目前研究人员已经提出了多种点云滤波的方法，基于所使用的滤波方法，这些算法可分成两种主要的方法(Hu et al.，2014；Li et al.，2013b；Meng et al.，2010)：①插值滤波(Kraus et al.，1998；Axelsson，2000；Evans et al.，2007；Mongus et al.，2012；Chen et al.，2007)；②形态学滤波(Zhang et al.，2003；Chen et al.，2007)。

1. 插值滤波

对于插值滤波，首先选择初始的地面点，通过多次迭代直到最后形成接近真实的地表(Hu et al.，2014)。Kraus 等提出了一种加权线性最小二乘法来迭代逼近地面点(Kraus et al.，1998)。在这种方法中，地面点常常有负的残差，而非地面点常常是正的残差。这种方法使得有负的残差的点具有更高的权。随后 Pfeifer 采用分层插值的方法重新优化了这一算法，使得滤波结果和计算效率都有了提高(Pfeifer，2001)。在原有研究工作的基础上，Lee等采用归一化的最小二乘方法取代了最小二乘法，极大地提高了滤波结果的准确率(Lee et al.，2003)。然而，这种算法有一个缺点：用户需要设置三个阈值。随后，Axelsson提出了一种用于机载激光雷达点云的滤波方法，即采用不规则三角网(triangulated irregular network，TIN)进行权重分配的新方法(Axelsson，2000)。同时，研究人员还提出了一种基于薄板样条(thin plate spline，TPS)的机载点云插值滤波方法(Evans et al.，2007)。这种方法是用常规格网的DEM来替代不规则三角网。随后，研究人员提出了一种基于平面样条的无参数滤波方法(Mongus et al.，2012)。这种方法首先将现有的点云数据分成几个不同分辨率等级的点云，然后采用插值的方法将最粗糙等级的点云迭代成最精细等级的点云。

2. *形态学滤波*

形态学滤波的方法就是采用形态学的操作来近似模拟地面点云，特别是开运算(Zhang et al.，2003；Chen et al.，2007)。当有足够多的激光脉冲到达地面上时，使用小滑动窗口的形态学开运算就能识别出地面点。然而，当地面上没有足够多的点时，形态学滤波滑动窗口的大小可以根据目标的大小进行调节(Li et al.，2013b；Mongus et al.，2014)。虽然形态学滤波的方法方便使用，但是大窗口形状将会生成一个有地物特征突起的地表(Sithole，2001；Chen et al.，2007)。

2.2.2　分割处理

点云分割处理就是将点云分割成满足前期预设标准的多个子集的处理过程(Woo et al.，2002；Biosca et al.，2008；Vosselman et al.，2010)。图2.8为基于平面特性而进行的地基激光雷达点云分割图。图2.8(a)和图2.8(b)分别为分割前的原始数据和按局部特征分割后的点云数据。

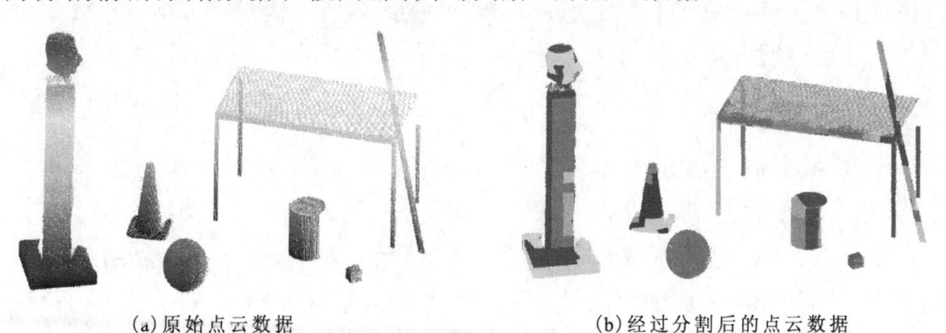

(a)原始点云数据　　(b)经过分割后的点云数据

图2.8　分割前后点云数据

分割算法可大致地分为模型拟合法(Vosselman et al.，2001；Schnabel et al.，2007)和区域生长法(Tovari et al.，2005；Vieira et al.，2005；Vo et al.，2015)。

1. 模型拟合法

模型拟合是将简单几何模型匹配到点云数据上(Vosselman et al.，2010)。两种较广为人知的估计模型参数的方法是霍夫变换(Ballard，1981)和随机抽样一致性(random sample consensus，RANSAC)(Fischler et al.，1981)。霍夫变换常用来在 2D 和 3D 中探测几何模型元素，如线、平面和球形(Vosselman et al.，2004；Tarsha-Kurdi et al.，2007；Rabbani et al.，2005)。RANSAC 模型通过随机选择最少的点云集来提取基本形状，然后将所有的形状特征统一进行评估。这种方法已经被应用到了分割 3D 点云上，如建筑外立面分割(Boulaassal et al.，2007)。

2. 区域生长法

区域生长法主要包括以下两个步骤。首先，需要选择一个种子点或者初始分块点云。接着，多次迭代优化分割的区域(Vosselman et al.，2010)。例如，将从 TIN 中分割出来的三角形当作种子平面，同时将相邻三角形间的角度和距离作为区域生长的准则(Gorte，2002)。将基于就近的平面平整度作为评价标准选择种子区域，采用八叉树的方法来搜寻临近的满足阈值设置的其他点，如果满足，则将这些点融合到相应的点集中；如果不满足，则从未遍历的种子平面继续搜索满足条件的点，直到遍历所有的种子平面为止。

2.2.3 其他应用

移动激光扫描(MLS)系统已被广泛应用到各种场景中。本小节将回顾移动激光扫描系统所获取点云的不同应用。

1. 道路元素巡查和归档

在道路环境中，出于安全和管理的需要，道路元素需要实时监控并且自动归档记录，如行道树、路灯、交通指示标、路标和路肩。这些道路元素通常都是人工测量和记录下来的。现在，移动激光扫描系统所获取的点云数据有足够的密度和准确率，使得自动且高效地提取以上城市道路元素成为可能。在下面内容中，将讨论移动激光扫描系统点云数据在道路标志和路肩提取上的应用。在第5章中将详细讨论行道树的内容，路灯和交通指示标将在第6章中进行讨论。

1)道路和路肩提取

道路在交通运输服务中扮演了至关重要的角色，有效的道路巡查和监控对于行车及运输安全至关重要。在过去的十几年中，基于移动激光扫描系统所采集的点云数据，研究人员提出了多种进行道路分割和路肩提取的方法。Jaakkola等提出了一种自动进行道路表面和路肩分类的方法，其分类准确率分别达到92.3%和79.7%(Jaakkola et al.，2008)。Boyko等提出了一种从大量无序三维点云数据中分割道路点云的方法(Boyko et al.，2011)。该方法首先将一个二维等高线拟合到一个引力函数上以预测道路边缘的位置，在滑动框中的点云将被标记为道路，结果显示，这种方法有86%的准确率和94%的完整性。Luo等提出了一种使用分块框架进行道路点云分割的算法，然后使用马尔可夫(Markov)随机场计算出的纹理信息将点云分块标签映射到道路表面点转换过程中的误差进行修正(Luo et al.，2016)。在Miraliakbari等的文章中，使用区域生长法自动地从地理坐标系中的点云数据中提取道路表面(Miraliakbari et al.，2015)。使用这种方法的假设前提是道路表面是连续平滑的，并且是以路肩为边界。通过与道路真值的对比，结果显示这种方法的完整性和准确率分别为92%和95%。

2)道路标识提取

道路上的路标对引导司机驾驶和道路安全有着极为重要的作用。近些年，移动激光扫描技术和点云数据处理技术的发展，使得路标的自动提取和识别成为可能。在Zhou等的文章中(Zhou et al.，2012)，提出了一种分三步提取道路路肩的方法，包括：初始路肩探测、道路中线计算和共线线段分割，结果显示道路标识提取的完整性最低为54%、最高为83%。Kumar等也提出了一种适用于移动激光扫描系统点云数据的道路标识自动提取算法。这种方法使用了一个基于距离阈值的函数，并且和点云的强度信息有关，然后使用二进制的形态学模型来完善道路标识的形状(Kumar et al.，2014)。结果显示在88个道路标识中，有80个被成功地提取出来。随后研究人员提出了一种基于移动激光扫描系统点云和影像的自动道路标志提取方法(Yang et al.，2012a；Guan et al.，2015)，这种算法首先通过点云数据生成一个全局坐标的特征影像，然后设置一个基于点云密度的阈值来定位在图像中可能含有道路标识的区域；最后使用形态学模型来提取道路路面标识，并验证算法的可行性。Yan 等提出了一种基于扫描线的方法从点云数据中提取道路路面标识(Yan et al., 2016)。这种方法包括预处理、道路点和道路路面标识提取和优化三个步骤。结果显示,这种方法的完整性和准确率分别为 96%和 93%。Zhang 等提出了一种基于点云数据的人行道标识提取的鲁棒算法(Zhang et al., 2016)。这种方法由三步组成：预处理、提取和分类。测试数据的结果显示，这种方法在完整性和准确率上分别能达到 93%和 95%。这些获取的道路标识和车道信息可以存储下来用于其他应用，如数字城市和自动驾驶等领域(Levinson et al., 2011)。

2. 铁路环境及设施监测

铁路保养需要对铁路周围环境进行日常的巡查，包括轨道、架空导线、信号杆和道岔(Salvini et al., 2013；Rhayma et al., 2013)。移动激光扫描系统将铁路沿线走廊以高密度点云的形式进行采样记录。因此，铁路环境上的元素能够被自动巡检并且监测(Hung et al., 2015)。随后研究人员提出了一种提取铁路中心线的方法(Elberink et al., 2015)，该方法将轨道点投影到平等轨道上，以数据驱动的方式生成轨道中心点。随后，通过中心点连续地拟合分段线性函数，得到具有规则间隔的轨道中心点序列，并将分段的 3D 模型匹配到铁路轨道点上。将最终的结果与参考数据进行对比，中心线位置的精度在 2～3cm。Yang 等提出了一种基于点云数据的铁轨自动提取算法，这种方法先使用点云的几何和强度信息来提取轨道上的点云,然后通过匹配 3D 轨道模型来获取其轨道点(Yang et al., 2014a)。通过与地面真值数据进行比较，发现这种方法在识别铁路轨道方面能达到 95%的准确率。

3. 高速公路和隧道监测

移动激光扫描系统在高速公路监测上的应用主要在提取道路及设施的几何信息(Hatger et al., 2003)。在高速公路建设阶段，移动激光扫描系统所获取的高密度点云能够用来进行测绘和工程进度调查(Gräfe, 2008)。在高速公路养护阶段，从点云中提取出的高速路几何信息能够用来监测道路表面的粗糙和损害程度，并且监控高速路的安全状况(Kim et al., 2008)。

高速公路工程建设中需挖掘大量的隧道，点云同样在测量和监控隧道方面有广泛的应用。Yoon 等开发了一套激光扫描系统用于隧道的自动监测(Yoon et al., 2009)。同时，设计了一个基于几何和辐射特征进行隧道损毁部分检测及提取的算法。Fekete 等(Fekete et al., 2010)和 Boavida 等(Boavida et al., 2012)采用移动激光扫描系统采集了一条长 25km 的隧道的点云信息，用以验证移动激光扫描系统在变形监测方面应用的可能性。结果表明，与地面激光扫描系统相比，移动激光扫描系统的现场勘测时间缩短了15倍，相应减少了约80%的成本。

4. 其他环境监测应用

使用第2.1.3节中所提到的移动激光扫描(MLS)系统，还可以进行其他环境监测应用。例如，Bitenc等使用MLS系统评估了荷兰沙质海岸的状况(Bitenc et al.，2011)。该方法获得了高质量的数字地形模型(DTM)，并得出相对精度为3mm的结论。Vaaja等使用安装在船上的MLS系统绘制了一条58km长的河流的地形变化图(Vaaja et al.，2011；Alho et al.，2011)。结果表明，变化图的标准差为3.4cm，所生成DEM的均方根误差(root mean square error，RMSE)为7.6cm。Liang等以14.63%的均方根误差验证了背包MLS系统在估算林木的胸径方面的可行性(Liang et al.,2014)。Ryding等将通过MLS系统获得的点云应用于林木调查，并估计了胸径和各株的位置(Ryding et al.，2015)。也有将城市和林地的MLS点云用于变化检测(Qin et al.，2014；Xiao et al.，2015；Yu et al.，2004)。同样，基于MLS系统获得的点云还可自动进行城市路网情况判断。例如，Serna等提出了一种自动城市路网情况的分析方法。该方法包括两个步骤，即城市目标分割和路肩检测。结果显示，个体对象检测的完整性达到82%(Serna et al.，2013)。

2.3 本章小结

本章首先介绍了MLS系统及其组件，该系统主要由激光扫描仪及组合导航系统组成，并分别讨论了这两个子系统的作用。之后，介绍了四种类型的MLS系统，同时展示了它们的数据。接下来，讨论了MLS点云的典型数据处理流程。不同应用的处理流程略有差异，但是，大多数应用都包括滤波和分割。因此，主要回顾了这两种处理方法。最后，讨论了MLS点云的一些潜在应用，对于MLS点云数据尽管已有方法和应用，但仍没有标准的工作流程用于处理大量点云数据。此外，在道路的两边有各种地物目标，这些地物大都形状复杂，并且不能被MLS系统完全采集。迫切需要有效识别这些目标的算法，同时，高效的数据获取率使得点云数据变得巨大，因此，需要有更优秀的算法来存储和处理这些数据。

第3章　空间数据结构

移动激光扫描(MLS)系统获取的点云由大量离散且无组织点组成。这些大量的点包含多方面的信息，如三维坐标、强度和颜色。采集到的稠密三维点云数据集因其体量大，具有难以存储、查询效率低并且无法在普通计算机上进行操作等特点。因此，需要有效且灵活的三维空间数据结构对大量无序的三维点云进行组织。本章首先回顾了点云处理中广泛使用的空间数据结构；然后介绍了本书中两种广泛使用的数据结构：体素和八叉树，并探讨了这两种数据结构的组成、空间划分、邻域搜索及其应用。

3.1　引　　言

如第1.3节所述，MLS系统通常以每秒约百万个点的速度采集街道和道路周围环境的点云数据。一个小时的数据采集过程通常会产生大量离散点的三维稠密点云数据。我们很难一次性地在普通计算机上加载所采集的全部点云及影像数据。此外，点云处理，如可视化、分类、分割、特征提取和数据管理等，广泛依赖于点查询、邻域搜索和空间子集划分(Mitra et al.，2004；Vosselman et al.，2010；Holzer et al.，2012；Elseberg et al.，2013；Otepka et al.，2013)。在数量巨大的无组织离散点上高效地进行这些操作是非常困难的。因此，有效的空间数据结构和可扩展的处理策略是成功处理大量三维稠密点云数据的关键技术之一。3.2节将概述点云处理中使用的数据结构，主要介绍了不规则三角网(TIN)、KD树(k-dimensional tree)和四叉树等几种空间数据结构及其应用。从构造、存储和点查询等方面讨论了这些数据结构的复杂性。在Samet(2006)中可以找到使用复杂性作为评估算法效率的一般概述。

3.2　空间数据结构

空间数据集是由点、线、面、体等空间对象组成，所有这些对象都包含地理参考坐标，有时甚至包括时间信息(Frank，1992；Samet，1995)。此外，元素的属性也是空间数据集的一部分。空间数据结构能够有效地存储和操作这些空间数据集(Papadias et al., 1997; Anselin et al., 2006)。通常，通过明确定义包含所有属性的数据结构类型来存储空间数据集(Samet, 2006)。MLS系统采集的点云也可以用上述的通用方式存储。然而，点云数据集不仅有大量的点，而且每个点的属性信息对后续数据处理及信息提取都是有意义的。此外，点云的组织策略对于大规模点云数据集操作的效率至关重要(Lalonde et al., 2007; Wand et al., 2008; Elseberg et al., 2011; Beserra et al., 2013; Richter et al., 2014)。在实际数据处理及应用时，数据结构的内存高效也非常重要(Elseberg et al., 2013)。在过去的十几年中，许多现有的数据结构被用于点云处理。哈希表(Wand et al., 2007; Nahangi et al., 2016; Yoshimura et al., 2016)和分层网格(Börcs et al., 2015)用于存储特征点，B-树用于核心外点云存储和高效索引(Wu et al., 2010; Cura et al., 2015; Chrószcz et al., 2016)，三维R树用于有效组织大规模三维点云数据(Wang et al., 2009; Gong et al., 2012; Yang et al., 2014b)，TIN用于点云分割和网格生成(Zhang et al., 2013; Kang et al., 2014)。然而，这些数据结构仅适用于特定的应用，不适用于高效的点查询和可扩展的空间细分。一般来说，在大型点云中用于点查询的最广泛的空间数据结构是KD树及其改进的数据结构(Mount et al., 2010; Muja, 2011; Nuechter et al., 2016; Muja et al., 2014)。对于可扩展的空间划分和细分，分别使用四叉树和八叉树进行二维和三维划分。在接下来的章节中，将更详细地介绍KD树、四叉树和八叉树的数据结构及其应用。

3.2.1 不规则三角网

不规则三角网(TIN)是一种基于矢量的曲面表示，由不规则分布的三维节点和线组成，这些节点和线排列在不重叠的三角形网络中(Peucker et al., 1978; Floriani et al., 2009; Chen et al., 2011)。在三维点云处理中，TIN广泛用于地形表面网格化表示，如DEM和DTM表示(Kraus et al., 2001; Remondino, 2003; Ma, 2005; Liu, 2008)和几何模型重建(Vosselman et al., 2001; Kwon et al., 2004; Teo et al., 2006; Abo-Akel et al., 2009; Ummenhofer et al., 2013)。从三维点云生成TIN的最常见方法是通过对三维点的二维位置进行二维Delaunay三角网化(Paul, 1989; Tse et al., 2007; Wu et al., 2011; Chao et al., 2015)。在平面中构造n个点的Delaunay三角网化的最佳算法需要运算的时间为$O(n\log n)$。Delaunay三角网化的详细定义及理论见Delaunay

(1934)。图 3.1(a)是 Delaunay 三角网化的一个例子。图 3.1(b)是由 MLS 系统获取的点云生成山路的 TIN 表示。TIN 是基于由三维点垂直投影获得的二维点生成。因此，在三维中较远的点在相应的二维 Delaunay 三角网化中可能显得非常接近(Vosselman et al., 2010)。使用 TIN 进行点检索是可能的，但较为复杂，因为近邻点不是简单地按照笛卡儿方向排列和检索的(Devllers et al., 2002)。

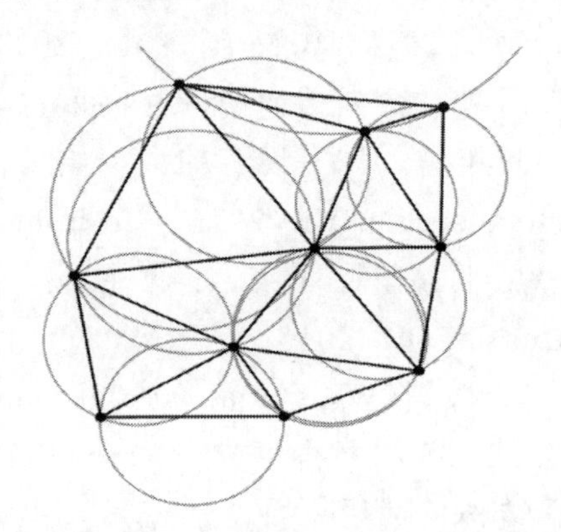

(a)在带外接圆的平面上进行 Delaunay 三角网化

(b)从 MLS 点云生成的 3D TIN

图 3.1　Delaunay 三角网化和生成的 TIN

3.2.2　KD 树和邻近搜索

KD 树即 K 维树，是目前三维点云数据邻近搜索中最常用的一种层次化数据结构(Bentley, 1975; Samet, 2006; Sankaranarayanan et al., 2007; Vosselman et al., 2010)。KD 树是一种二叉树数据结构，其中每个节点代表一个 K 维点。每个非叶节点都是一个将空间分割成两个半空间的超平面。左半空间和右半空间的点分别由左、右子树表示。在图 3.2(a)中，二维空间中的 6 个点，平面坐标分别为：$A(40, 45)$、$B(15, 70)$、$C(70, 20)$、$D(69, 50)$、$E(66, 85)$、$F(85, 90)$，其由 KD 树组织在一起。在图中，点 A 是起点，该空间被垂直分割为两个半空间。然后将 x 坐标值大于 A 点的点划分给右子树。由于点 B 的 x 值小于 A 点，因此将其划分给左子树。然后，将得到的两个半空间水平分割，依次生成四个半空间。例如，图 3.2(b)中的点 A 的右子树相对于点 C 被拆分。y 值小于 C 点的点(即 D、E 和 F 点)被划分给右子树。在 x 和 y 上递归执行相同的过程，直到遍历所有点。在三维空间中，KD 树是通过类似于二维空间的分割过程建立的，但是分割超平面是在 x、y 和 z 坐标上递归进行的。

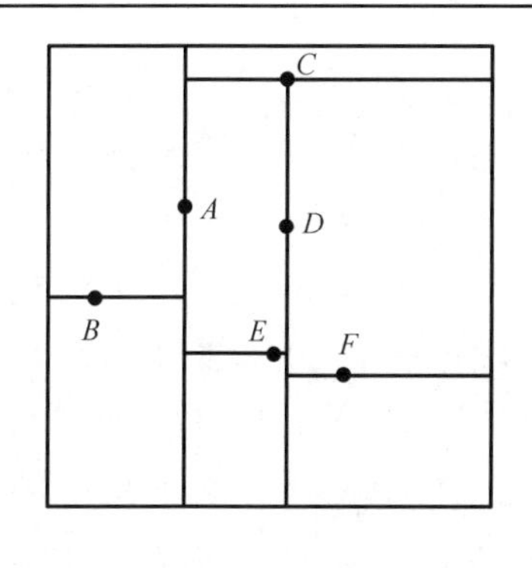

(a) 通过KD树进行二维空间分割的示例

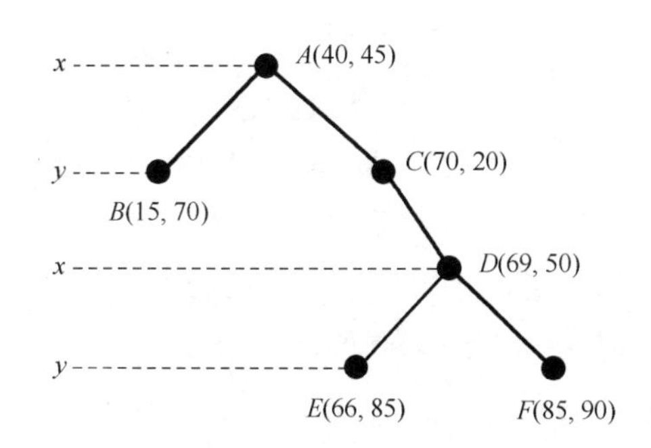

(b) 分割生成的二叉树数据结构

图 3.2　6 个二维点的 KD 树空间分割，即 A(40,45)，B(15,70)，C(70,20)，D(69,50)，E(66,85)，F(85,90)，以及生成的二叉树数据结构(Shaffer，1998)

邻近搜索是计算机领域中最古老的问题之一(Chen et al.，2008)。查询点 q 的最近邻(nearest neighbor，NN)定义为

$$\mathrm{NN}(q)=\{p \mid p \in P, \forall o \in P, o \neq p, |qp| < |qo|\} \tag{3.1}$$

式中，P 是 d 维实数空间 $\mathbf{R}^d$ 中 n 个点的集合；o, p 和 q 是 $\mathbf{R}^d$ 中的点；在地理参考点云中，$\mathbf{R}^d$ 通常指三维欧几里得空间(Euclidean space，也称为欧氏空间)，$|qp|$，$|qo|$ 分别是 qp、qo 两点之间的欧几里得距离(简称欧氏距离)。

由于其高效性，KD 树已被用于大型点云数据集中的邻域查询。对于平衡的 KD 树，其对一组 n 个点的平均查询复杂度为 $O(n\log(n))$，最坏情况下的复杂度为 $O(kn\log(n))$，其中 k 为空间维度(Bentley，1990；Wald et al.，2007；Brown，2014)。表 3.1 中列出了一些实现最邻近搜索的开源库及其特点。

表 3.1　最邻近搜索开源库及其特点

开源库	版本	核心数据结构	NN 搜索	半径搜索
3DTK(Nuechter et al.，2016)	3.0	KD 树/Octree	√	×
ANN(Mount et al.，2010)	1.1.2	KD 树	×	√
CGAL(Alliez et al.，1997)	4.9	KD 树	√	√
FLANN(Muja，2011)	1.8.0	KD 树	√	√
nanoFLANN(Muja et al.，2014)	1.2.2	KD 树	√	√

3.2.3　四叉树和二维空间剖分

空间剖分是将一个空间划分为两个或多个不重叠区域的过程(Samet，

2006)。MLS 系统采集的离散点云数据在三维欧氏空间中明显是随机分布的。空间剖分通常是为了有效地组织这样的数据集。本节回顾四叉树的实用性及其在点云处理和空间数据管理中的优势。

四叉树是一种树型数据结构，每个内部节点正好有四个分支。根据四叉树表示的数据和树的结构独立于数据访问的顺序，四叉树被分类为点四叉树或基于前缀树(trie)的四叉树(Samet，2006)。基于 trie 的四叉树可以将一个区域划分为四个相等的子象限，每个叶节点包含对应于一个子象限的点，从而在二维中分解一个空间。图 3.3 所示是使用基于 trie 的四叉树及其分层树数据结构表示的空间分区示例。四叉树的每个分支要么有四个子空间，要么是一个叶节点。深度为 n 的基于 trie 四叉树的标准四叉树由 $2n\times 2n$ 个子象限组成。

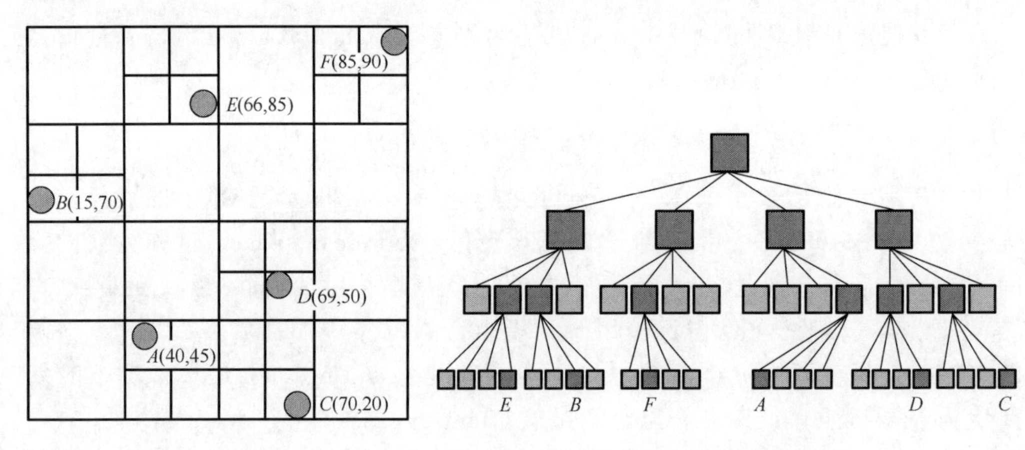

(a) 基于trie的四叉树的空间剖分　　(b) 四叉树的层次数据结构

图 3.3　使用基于 trie 的四叉树和相应的树数据结构进行空间剖分的示例(见彩图)

内部和叶节点为绿色，空节点为浅绿色

基于 Trie 的四叉树，广泛用于组织机载激光扫描系统获取的点云(Bi et al.，2014；Zhu et al.，2014；Richter et al.，2015；Palha et al.，2017)。值得注意的是，由于四叉树是二维数据结构，使用四叉树组织三维点云通常需要先把三维点投影到二维平面。如果将四叉树原理推广到三维，则得到八叉树。第 3.2.4 节详细讨论了八叉树数据结构。

3.2.4　体素和八叉树

本节首先介绍体素和八叉树数据结构的基本概念，给出定义并说明它们如何被用于点云重采样和邻域搜索。其次，讨论 C++语言中八叉树数据结构的具体实现。最后，介绍八叉树在点云组织和处理中的应用。

1. 体素

类似像素是二维表示，体素是三维欧氏空间中具有预定义边长的立方体。通常，3 个方向的边长度是相同的。在本书中，3 个坐标方向上的长度可以不同，这使得后续处理算法更加灵活。图 3.4 是三维欧氏空间中体素的图解。注意，这里使用的坐标系是右手笛卡儿坐标系。

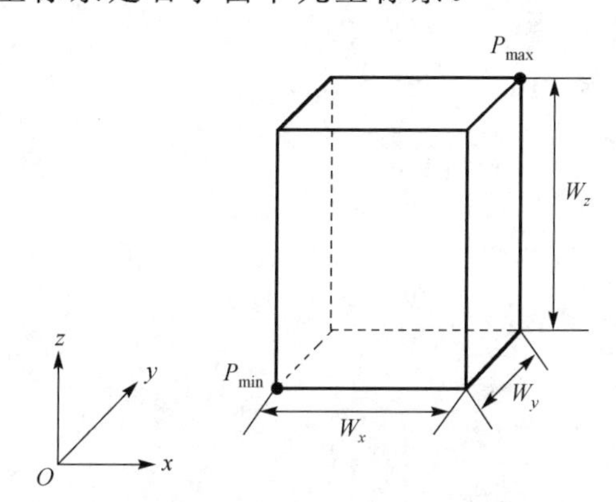

图 3.4　三维欧氏空间中的体素单元

P_{max} 是体素单元的右上后点，P_{min} 是体素单元的左下前点；

W_x, W_y 和 W_z 分别是边在 3 个轴方向上的投影长度

本书以 C++为例，设计了一个体素单元的数据结构，即：

```
struct VoxelCell
{
    long x, y, z;
    list<int> PointId;
    Point3D Centroid;
}
```

这里，x、y 和 z 是每个体素的三维索引；PointId 是一个容器，它将点的索引存储在每个体素单元中；Centroid 存储每个体素单元内所有点的质心。

体素被广泛用于对 MLS 系统获取的点云进行重采样。图 3.5 说明了 MLS 系统采集点云的重采样过程，即体素化过程。首先从输入点云数据的轴线平行包围盒中得到左下前点和右上后点，即图 3.5 中点 P_{min} 和点 P_{max}。以三轴方向预定义的体素单元尺寸大小，将点云的包围盒划分为立方体单元，然后分

别计算 3 个方向上的单元数目。将其与左下点 $P_{\min}$ 在 3 个方向的坐标比较，采用式(3.2)计算出每个点的三维体素索引。

$$n_i = \frac{P^i - P^i_{\min}}{\text{size}^i} \tag{3.2}$$

式中，i 分别表示 x,y,z 方向，n_i 为点 P^i 所属的三维体素索引，size^i 为方向 i 的体素尺寸大小。内部无点的体素单元定义为零单元，而有点的单元定义为正单元。图 3.5 中正单元着色浅绿色，零单元为空白。这里，最小体素尺寸需要考虑平均点密度。通常最小体素尺寸需要大于点间平均距离。然而，最优体素大小取决于对细节和计算时间的要求。

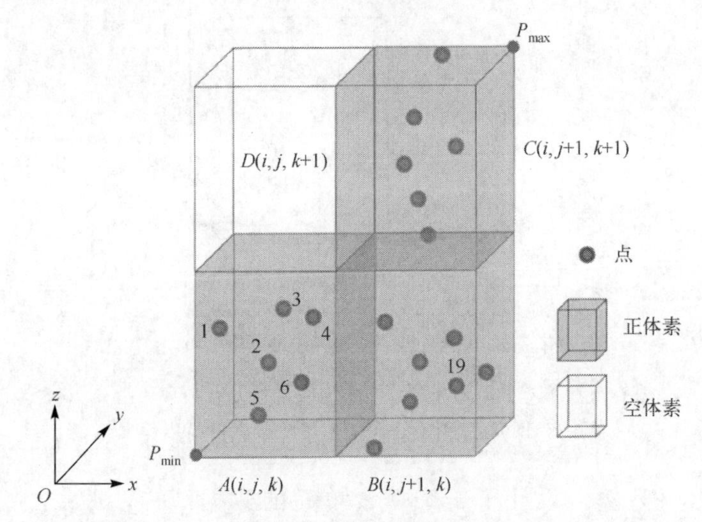

图 3.5　利用三维欧氏空间中的体素单元进行点云重采样(见彩图)

点是每个体素单元内部的点，体素边的大小可以不同

根据查询单元的邻接类型，将三维体素单元的邻接分为三类。如图 3.6 所示，一个体素单元的 26 个三维邻域单元分为 6 面邻域、12 边邻域和 8 顶点邻域。这三类邻接体素单元分别以绿色、蓝色和橙色显示。

利用体素算子对一个点云进行体素化后，每个体素单元都有一个地址 ID，即上述结构体定义中的 x、y 和 z。体素化是利用三维体素单元进行一致维数的点云重新采样的过程。

体素空间中的邻域搜索虽然简单高效，但使用体素重采样时存在大量的内存冗余。因此，在处理海量点云时，优先采用八叉树等节省内存的数据结构。下一小节将描述八叉树数据结构。

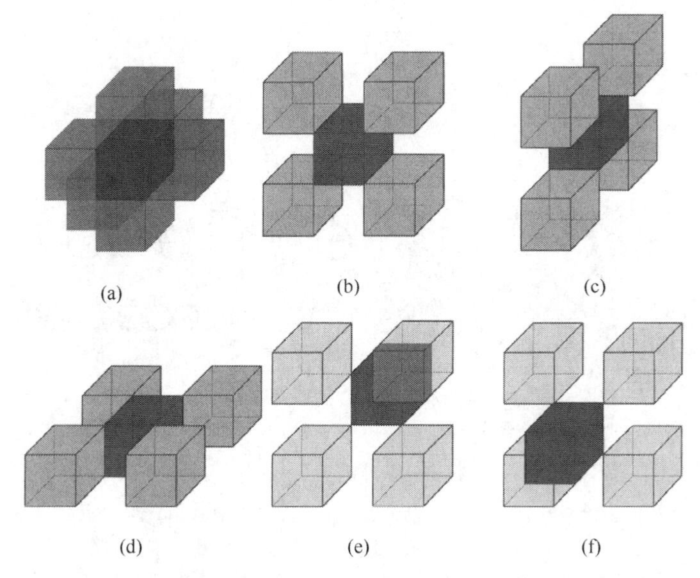

图 3.6　三维欧氏空间中的体素单元及其 26 个邻域单元
(其中红色单元为查询单元)(见彩图)

(a)为面邻域；(b)、(c)和(d)为边邻域；(e)和(f)顶点邻域

2. 八叉树

八叉树是一种树状数据结构，每个节点要么是叶节点，要么恰好有 8 个子节点(Samet，2006)。它是二维空间中四叉树的三维扩展(Payeur，2006)。八叉树数据结构主要用于三维欧氏空间的空间剖分，其方法是将一个根节点递归地细分为 8 个相同的八叉树。一般来说，构建八叉树的时间复杂度为 $O(n\log n)$，在八叉树中搜索通常需要 $O(\log n)$ 的运行时间，这里 n 为点数(Samet，2006)。

图 3.7 说明了一种基于八叉树的空间剖分及其分层树状数据结构。在本书中，八叉树的每一个八分体已实现的寻址方案是借鉴了 Major 等(1989)中的方法。如图 3.7(a)所示，空间剖分从用数字标注为 0 的一个根节点(Root)开始。该过程通过将根节点细分为 8 个完全相同的八分体来进行。如果八分体不是空的，则继续细分，直到达到预定义的停止剖分准则。同一细分层的八分体具有相同的索引位数。例如，用 055 和 053 标记的浅绿色和浅橙色的八分体属于第 3 级，因而位数为 3。图 3.7(b)所示为八叉树的层次结构，其中内部节点处于灰色。每个节点对应图 3.7(a)中细分的一个八分体，如其索引码所示。

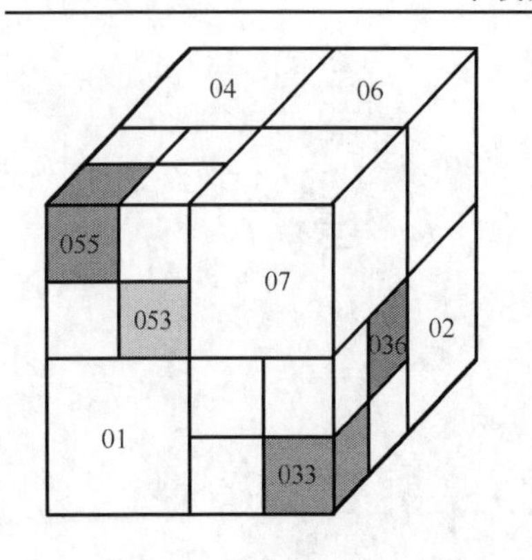

(a) 基于八叉树的笛卡儿空间细分和体素索引

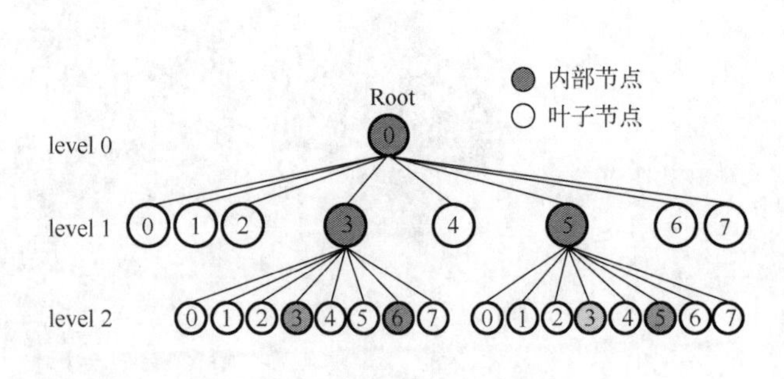

(b) 八叉树分层数据结构

图 3.7　基于八叉树的空间剖分及其层次结构(见彩图)

图(a)中左上角的体素编号为 055，表示在图(b)的层次结构中可以找到该体素的位置

本书中八叉树节点的数据结构 OctreeNode 定义如下。

```
struct OctreeNode
{
    bool  Leaf ;
    long  PointNumber ;
    OctreeBound  BoundingBox ;
    Point3D *  Points ;
    OctreeNode *  Child [ 8 ] ;
    vector <int >  Path ;
}
```

此处，Leaf 表示当前的八分体是否为一个叶节点。BoundingBox 定义了每个八分体的三维边界，Points 存储八分体内部的点。Child[8] 是含 8 个相同的 OctreeNode 的数组，它们是一个内部节点的 8 个分支。Child[8] 是指向 8 个子 OctreeNode 的指针数组，它们要么是叶节点，要么是一个划分层次更深的八叉树节点。Path 存储当前八分体的检索码。与体素空间不同的是，八叉树将八分体组织成层次结构。但是，与体素空间一样，对于一个统一分辨率八叉树，三维空间中可能的邻接方向数目为 26 个。如图 3.8 所示，对应图 3.6 给出的三类邻接体素，给出可能的方向，并以索引码标出，对应的方向标号如表 3.2～表 3.4 所示。现在已实现的八叉树数据结构开源库如表 3.5 所示。然而在这些开源库中，无论是在八分体空间还是在点空间都没有实现 kNN 搜索。因此，本书从零开始实现基于八叉树数据结构的八叉树空间邻域搜索。

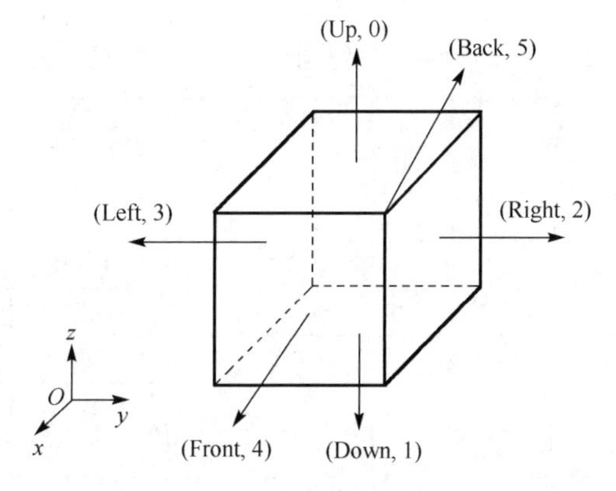

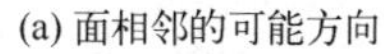

(a) 面相邻的可能方向

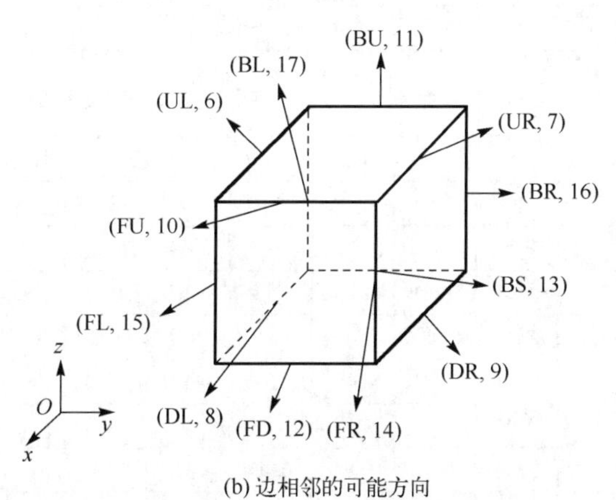

(b) 边相邻的可能方向

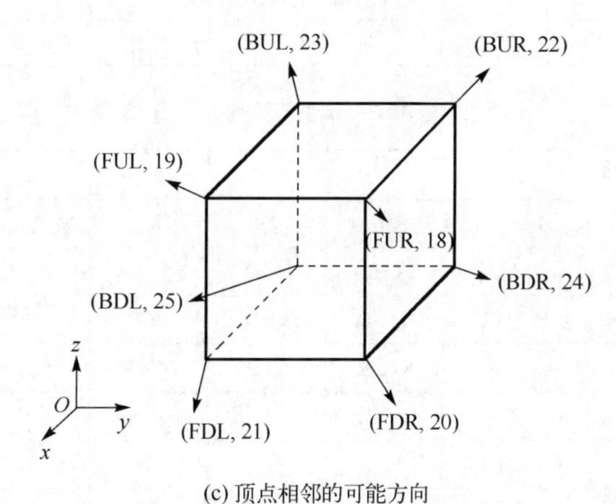

(c) 顶点相邻的可能方向

图 3.8　八叉树中八分体的邻域和可能的邻接方向

FU 表示前上方向；FUL 表示前上左方向

表 3.2 八叉树结构中的面邻接八分体搜索查找表

查询方向		Up(U)	Down(D)	Right(R)	Left(L)	Front(F)	Back(B)
		0	1	2	3	4	5
初始检索码	0	4	4+Down	2	2+Left	1	1+Back
	1	5	5+Down	3	3+Left	0+Front	0
	2	6	6+Down	0+Right	0	3	3+Back
	3	7	7+Down	1+Right	1	2+Front	2
	4	0+Up	0	6	6+Left	5	5+Back
	5	1+Up	1	7	7+Left	4+Front	4
	6	2+Up	2	4+Right	4	7	7+Back
	7	3+Up	3	5+Right	5	6+Front	6

表 3.3 八叉树结构中的边邻接八分体搜索查找表

查询方向		UL	UR	DL	DR	FU	BU	FD	BS	FR	FL	BR	BL
		6	7	8	9	10	11	12	13	14	15	16	17
初始检索码	0	6+L	6	6+DL	6+D	5	5+B	5+D	5+BD	3	3+L	3+B	3+BL
	1	7+L	7	7+DL	7+D	4+F	4	4+FD	4+D	2+F	2+FL	2	2+L
	2	4	4+R	4+D	4+DR	7	7+B	7+D	7+BD	1+R	1	1+BR	1+B
	3	5	5+R	5+D	5+DR	6+F	6	6+FD	6+D	0+FR	0+F	0+R	0
	4	2+UL	2+U	2+R	2	1+U	1+BU	1	1+B	7	7+F	7+B	7+BL
	5	3+UL	3+U	3+R	3	0+FU	0+U	0+F	0	6+F	6+FL	6	6+L
	6	0+U	0+UR	0	0+R	3+U	3+BU	3	3+B	5+R	5	5+BR	5+B
	7	1+U	1+UR	1	1+R	2+FU	2+U	2+F	2	4+FR	4+F	4+R	4

表 3.4 八叉树结构中的顶点邻接八分体搜索查找表

查询方向		FUR	FUL	FDR	FDL	BUR	BUL	BDR	BDL
		18	19	20	21	22	23	24	25
初始检索码	0	7	7+L	7+D	7+DL	7+B	7+BL	7+BD	7+BDL
	1	6+F	6+FL	6+FD	6+FDL	6	6+L	6+D	6+DL
	2	5+R	5	5+DR	5+D	5+BR	5+B	5+BDL	5+BD
	3	4+FR	4+F	4+FDR	4+FD	4+R	4+	4+DL	4+D
	4	3+U	3+UL	3	3+L	3+BU	3+BUL	3+B	3+BL
	5	2+FU	2+FUL	2+F	2+FL	2+U	2+UL	2	2+L
	6	1+UR	1+U	1+R	1	1+BUR	1+BU	1+BL	1+B
	7	0+FUR	0+FU	0+FR	0+F	0+UR	0+U	0+L	0

表 3.5　实现八叉树的开源库

开源库	版本	是否开源	kNN 搜索
PCL (Nuechter et al.，2013)	1.7.1	√	×
PoTree (Schutz，2016)	1.3	√	×
CloudCompare (Girardeau-Montaut，2003)	2.9	√	×
OctoMap (Hornung et al.，2013)	1.8.1	√	×

为了有效地搜索八叉树层次结构中的邻域八分体，表 3.2、表 3.3 和表 3.4 分别给出了面邻接、边邻接和顶点邻接单元的可能方向查找表。

例如，图 3.7(a) 中标记为 033 的八叉树单元格是标记为 036 的单元格的前后(FD)边相邻八分体。假设查询八叉树单元格为 036，则搜索与其边邻接的单元格。首先，其 Path 的最右边的数字是 6，并且 FD 方向被编码为 12。在表 3.4 中，查询到(6，FD)列中的数字，即 3。然后，将最右边的数字 6 替换为 3。因此，036 的前后边邻接八分体是由 033 标记的八分体。类似地，可以使用三个查询表查询三维空间中所有 26 个方向的相邻八分体。

八叉树数据结构在计算机科学中得到了广泛的应用。八叉树用于生成不同细节层次的模型(Döllner et al.，2005)、光线追踪(Meagher，1982；Lastra et al.，2000；Barboza et al.，2011；Mcguire et al.，2014)、几何建模(Losasso et al.，2004；Lee，2009；Zia et al.，2013)。在机器人和游戏设计中，八叉树用于碰撞检测(Jung et al.，1997；Cheng et al.，2009；Tang et al.，2010；Hornung et al.，2013；Xu et al.，2014)、网格生成(Sampath et al.，2010)和实时映射(Thrun et al.，2000)。

近年来，八叉树被用于点云处理，例如点云压缩(Schnabel et al.，2006)，核外大规模几何简化(Lindstrom，2000；Scheiblauer et al.，2011；Elseberg et al.，2013)，骨架化(Bucksch et al.，2008)，点云分割(Woo et al.，2002；Vo et al.，2015；Su et al.，2016)。

3.3　本章小结

对于 MLS 系统获取的大数据量三维点云数据的操作、处理和存储来说，合理的组织是实现高效点云访问、查询和存储的基础。矢量数据结构，即 TIN 和 R 树，并不能将有效的空间组织与查询结合起来。四叉树是一种在二维空间中高效查询和空间划分的数据结构，KD 树、体素和八叉树是在三维空间中广泛应用且有效地执行上述操作的空间数据结构，通过分析体素化过程和邻域搜索策略，表明它们具有组织大规模三维点云数据的能力。

本书所涉及的点云数据处理算法中均涉及了体素和八叉树数据结构进行三维点云数据的高效组织。此外，它们的数据结构将在不同算法的设计中得到利用。第 4 章利用体素生成二维网格，用于山路环境中径流方向的估计。第 5 章利用体素对树木点云进行重采样，提出了一种基于体素邻接分析的单木分割算法。在第 6 章中，用八叉树组织 MLS 采集的稠密三维点云数据，提出了一种基于特征匹配的感兴趣目标识别算法。

第4章　山区公路开挖量和水流量的估算

山区道路易发生自然灾害，如滑坡、降雨冲垮等。山区道路加宽作业时，工程费用昂贵，需要做好精细规划以节约成本。本章集中介绍 MLS 点云数据在山区道路环境中的应用。首先介绍一种利用 MLS 数据自动估算山区道路开挖量的算法，随后提出了一种水流方向估计算法。

4.1　引　　言

道路交通是偏远山区的生命线。出于安全原因，山区道路的安全状况需要定期检查和监控。传统的安全监测方法是在道路和路边布设控制点或者架设基站，由测量人员使用全站仪或 GNSS 测量仪逐点测量三维空间位置的变化。与这些传统方法不同的是，MLS 通过对整个道路表面和 MLS 系统可见的路边表面进行扫描采样来获取大量随机分布的点的三维坐标信息，尽管单个三维 MLS 点坐标的精度比全站仪采集的坐标精度低。MLS 的优势也使其与静态地基激光扫描有明显区别。静态地基激光扫描是从安装在三脚架上的全景扫描仪获得点云(Vosselman et al.，2010；Gikas，2012)，此类全景扫描需要在后期处理中与 GNSS 定位数据相结合，以获取地理参考点云。总而言之，MLS 是目前地面最快获取大范围三维表面信息并获取长条状物体(如道路环境)的大数据量高精度三维点云数据的方法。它已被用于高速公路勘测(Bitenc et al.，2011；Zhou et al.，2012)，沙质海岸形态和河流侵蚀测量(Kukko et al.，2009；Vaaja et al.，2011)，铁路监测和铁路要素提取(Kukko et al.，2009；Gikas et al.，2012)，道路环境管理(Vaaja et al.，2011；Tao，2000；Pu et al.，2011；Jeong et al.，2007)和道路记录(Foy et al.，2007；Mancini et al.，2012；Sérgio et al.，2005；Nuechter et al.，2013；Jaakkola et al.，2008)。道路管理从规划阶段开始，到修复或维护阶段结束(Kukko et al.，2009)。道路修建完后，越来越多的其他应用需要道路信息，如道路安全、道路维护、基于位置的服务和导航等(Foy et al.，2007)。道路记录和管理主要包括记录道路几何状态和监控道路环境(Mancini et al.，2012，Gikas et al.，2008)。道路几何状态是指用于道路设计的参数，如设计速度、停车标志距离、视线、车道数、行车道线宽、纵向和横向坡度及道路路面材料等。道路环境是指道路两侧的环境，包括建筑物、树木、植被、交通标志、交通信号灯杆等物体。

上述所讨论的信息对于正在进行中的道路养护具有重要作用，特别是对于山路存在落石风险的地区。此外，在山区道路上观测到的几何特征有助于监测暴雨情况下的雨水流量，并可用于辅助自然灾害防治(Tarolli et al.，2013)。而且，陡峭和不稳定的道路两侧可能会造成滑坡，导致进一步的道路破坏(Razak et al.，2011)。

MLS 点云数据包含了可以作为洪水灾害和滑坡预测输入的信息。Poppenga 等利用点云数据建立了数字高程模型，并将其应用于洪水淹没和侵蚀估算(Poppenga et al.，2010)。同样，Kazuhiro 等(Kazuhiro et al.，2005)、White 等(White et al.，2010)和 Ziegler 等(Ziegler et al.，1997)利用点云数据生成了高分辨率数字高程模型(DEM)数据，用于预测地表侵蚀和估算河流排放的泥沙量。特别是在山区道路上，路边山坡上的岩石可能会掉落并造成风险。另外，水流可能会在路边造成侵蚀，最终导致道路损坏。此外，陡峭而不稳定的路边可能会导致山体滑坡，进而造成道路进一步损坏。

本章提出了一种自动估算道路拓宽所需开挖的道路两侧挖方量的方法。首先对山区 MLS 稠密三维点云数据进行降采样，去除异常点和噪声点。基于预处理后的数据，在每个点估计法向量和二维坡度。然后，采用自动迭代浮动窗口方法，利用点高、正向量和斜率对道路点进行滤波和分割。最后根据检索点与其相邻点之间的向量定义局部邻域特征，得到道路的轮廓和骨架。这些步骤最终使我们能够计算拓宽道路所需移除的路边挖方量的体积。此外，通过比较不同数据集的实验结果，对所提出算法的精度进行了分析。

对于水流方向预测，本章计算了路边环境集水区，并估计了雨水将在何处以及如何流过道路两侧及道路表面。在某种程度上，预计滑坡落石也会沿着水流方向。在此基础上，采用 D8 算法对路面和路边的水流方向进行了估计。根据这些方向，将道路环境划分为不同的径流段，以辅助后续对山区道路的安全监测。

4.2 挖方量计算方法

本节首先说明估计道路拓宽所需移除的道路两侧土方体积量的流程。其次，提出了基于 MLS 点云数据的径流估算方法。

(1)开挖土方量估算的总体流程，如图 4.1 所示。

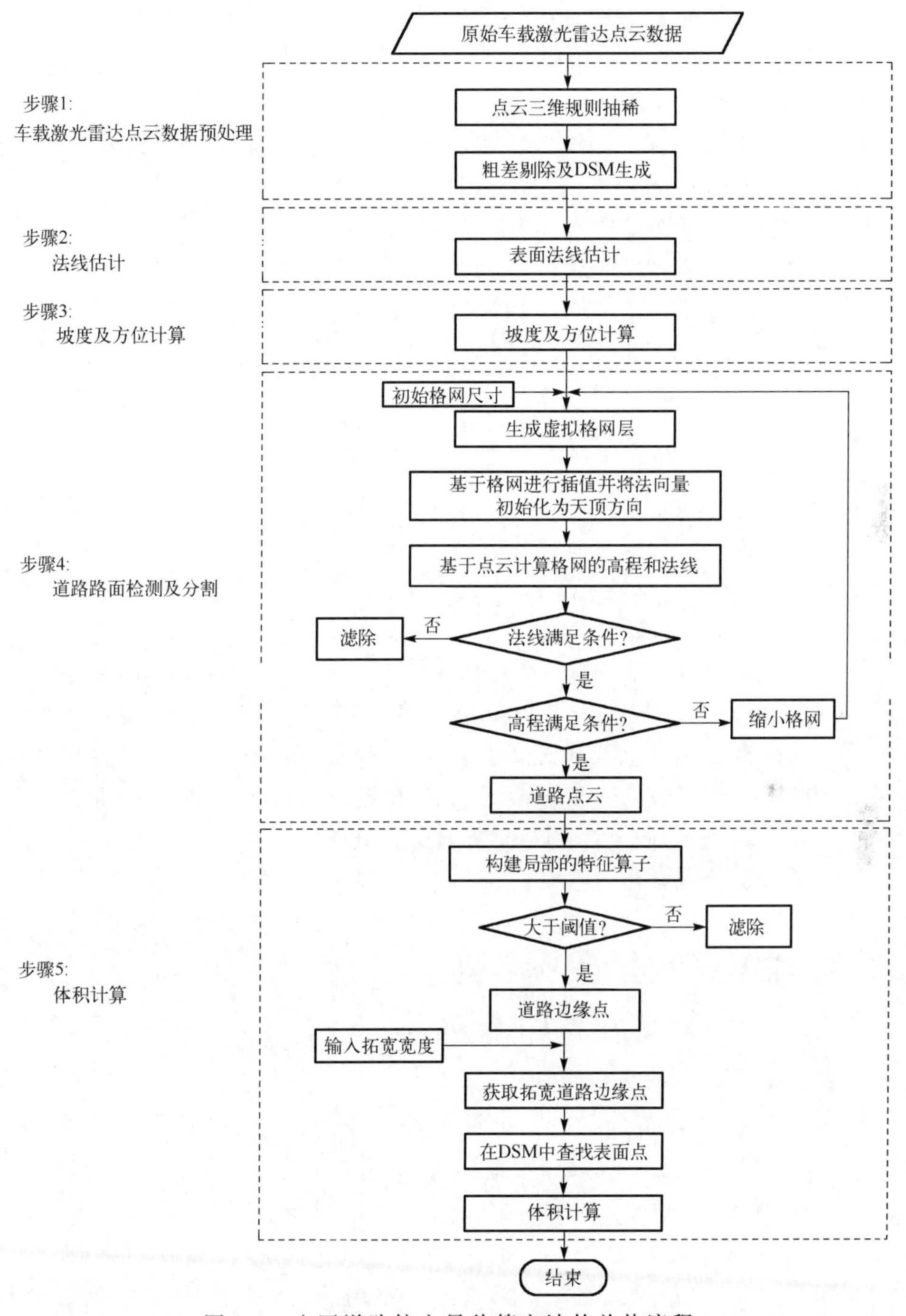

图 4.1　山区道路挖方量估算方法的总体流程

①点云数据预处理，原始点云数据具有很高的点密度且需要在处理前进行降采样。除去异常值，建立数字表面模型(digital surface model，DSM)。

②表面法线估计。

③坡度计算及方位估计。

④道路检测和分割，将步骤②和③中估计的法线和坡度作为输入，使用自动迭代滤波方法从降采样的点云数据中分割道路点。

⑤体积计算，根据步骤④计算需要移除以拓宽道路的挖方量。

(2)道路表面径流(下雨时)估算方法，如图 4.2 所示。

①点云预处理。原始点云数据具有很高的密度，在处理前进行降采样，删除异常值。

②表面法线和二维坡度估算。

③道路分割，可将点云分解为道路和路边的点。

④估计流向(在下雨的情况下)。

4.2.1　预处理

原始点云数据具有较高的点密度，因此需要进行降采样抽稀以便快速有效地进行处理。这里使用的方法是通过体素表示点云数据(Slattery et al.，2012；Gorte et al.，2004；de la Puente et al.，2008)。在本章中，使用统一尺寸体素的抽稀方法，该方法在点云库(point cloud library，PCL)中实现(Gorte et al.，2004)。此方法的主要原理是使用给定的体素大小创建三维体素。体素中的所有点均以其质心表示(Foy et al.，2007)。

在从点云数据计算几何特征之前，必须剔除降采样点云数据中的离群值。在此过程中引入查询点邻域概念，如图 4.3 所示。此处，P 表示查询点 p_{query} 在半径 R_{query} 内的点集，因此 P 的定义为

$$P=\{p_i \mid \|p_i - p_{\text{query}}\| \leqslant R_{\text{query}}\} \tag{4.1}$$

式中，p_i 表示点云中的各个点。

离群值是位于不应该有点云的边缘位置或不连续边界处的测量值(Petitjean，2002)。关于消除异常值的方法，已有大量文献报道(May et al.，2008；Rusu et al.，2008；Rusu，2010)。本章使用的消除异常值方法是基于对每个点邻域的统计分析(Li et al.，2010a；Castillo，2013)。对于每个点 $p_{\text{query}} \in P$，计算其到最接近的 k 个邻近点的平均距离 $\overline{d}$。然后，对于点云中的

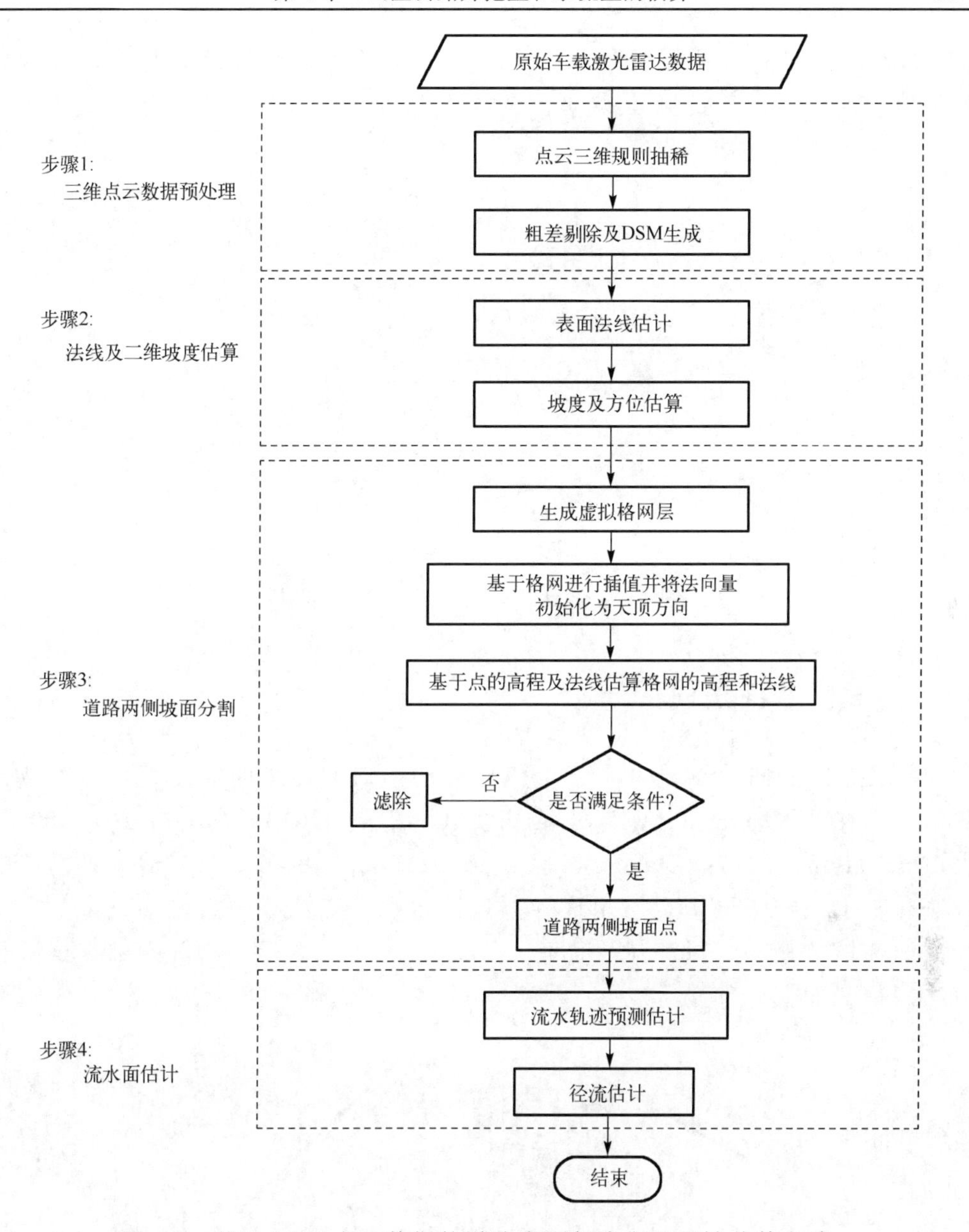

图 4.2　基于 MLS 点云数据的道路表面径流(下雨时)估算方法

每个点，计算其到 k 个最邻近点的平均距离和距离的标准差。统计分析的主要目的是仅保留那些与最邻近点的平均距离相近的点。由于这是围绕一个点的基本点云密度的度量，因此保留一个点的标准简单地表述为式(4.2)。

$$P^* = \{P_q \in P \mid \mu_k - \alpha\sigma_k \leqslant \overline{d} \leqslant \mu_k + \alpha\sigma_k\} \tag{4.2}$$

式中，α 是期望的密度限制因子，而 μ_k 和 σ_k 分别是从查询点到其邻近点的距离的平均值和标准差，P^* 是剩余点的集合。

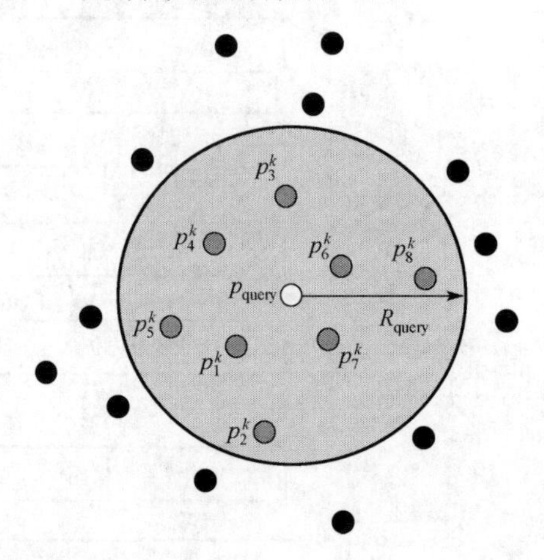

图 4.3　查询点在一定半径内的邻域

4.2.2　局部表面法向估计

离散点处的曲面法线是垂直于该点处局部曲面切平面的向量。三维点云数据中存在多种方法估计某一点的法线(Castillo，2013；Dey et al.，2005；Thürmer et al.，1997；Klasing et al.，2009；Puente et al.，2013a)。最简单的方法是基于三维平面拟合。用这种方法确定某一点法线的问题就成为一个适合空间邻域的最小二乘三维平面估计问题。图 4.4 表示了离散三维点云数据中法向估计的概念。

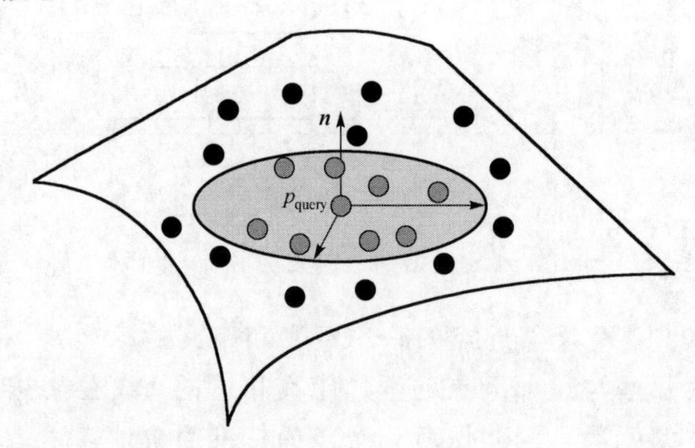

图 4.4　使用局部平面拟合方法在查询点处的法向估计

用最小二乘法估计一个局部法线时，目标是在某个感兴趣点上逼近切平面，取该平面的法线。通过确定使邻近点与待估平面间的平方距离最小的平面参数，得到最佳拟合平面。假设有一个兴趣点的欧几里得坐标为 $(x,y,z)^{\mathrm{T}}$ 及其一组 k 个邻近点的集合，则最小二乘法得到的法向量 $\boldsymbol{n}=(n_x,n_y,n_z)^{\mathrm{T}}$ 可使得式(4.3)中定义的误差最小。

$$\text{error}=\sum_{i=1}^{k}(p_i\boldsymbol{n}-d)^2 \tag{4.3}$$

另外，$|\boldsymbol{n}|=1$，其中 $p_i=\left[x_i,y_i,z_i\right]^{\mathrm{T}}$ 是一个邻域点，d 为兴趣点，k 是邻域点的预先定义的数目。

式(4.3)对 $\boldsymbol{n}$ 的求解一般由式(4.4)中矩阵 $\boldsymbol{M}$ 的最小特征向量给出。

$$\boldsymbol{M}=\frac{1}{k}\sum_{i=1}^{k}(p_i-\overline{p})(p_i-\overline{p})^{\mathrm{T}} \tag{4.4}$$

式中，$\overline{p}=\frac{1}{k}\sum_{i=1}^{k}p_i$。

4.2.3　局部坡度计算

二维坡度，也称为二维地形梯度，是曲面的矢量场。矢量方向指向高度变化最大的方向，矢量的大小等于变化率。基于先前生成的网格化 DSM，通过指数幂为 2 的反距离插值法从相邻点对每个网格点的高度进行插值。如果网格大小为 d_{grid}，则在 8 个相邻网格像元中每个方向的斜率为 S_i：

$$S_i=\frac{H_i-H_{\text{query}}}{d_i} \tag{4.5}$$

式中，H_i 是查询点的第 i 个邻近点的高程，H_{query} 是查询点本身的高程；变量 d_i 是第 i 个邻近点和查询点之间的距离。注意 d_i 是对角线方向上网格大小的平方根。

4.2.4　道路路面检测

基于前面各点计算的法向量和斜率，采用自动迭代点云数据滤波方法从点云数据中检测道路路面点。主要步骤如下所示。

(1)输入初始网格和窗口大小。

(2)生成虚拟参考三维网格层。每个网格点的高程由其相邻点插值得到，网格点的法向量为单位矢量，初始化为天顶方向。在此基础上，创建一个预定义大小的窗口，在网格和点云上移动。

(3)在当前移动窗口中，将每个网格层的网格高程和法向矢量方向与点云进行比较，计算网格与点云的高度和角度差，以验证差异是否超过阈值。

(4)如果差值小于高度和角度阈值，则该点被接受为道路路面点，否则该点被视为非道路点。

(5)转到步骤(2)，使用较小的网格大小生成新的虚拟三维网格层，然后再对点云进行迭代处理。

(6)当网格大小达到预定义的最小值时，循环结束。

4.2.5 开挖量计算

在此步骤中，基于4.2.4节中得到的道路路面点，对道路轮廓进行去噪。首先，基于邻域概念定义一个局部特征描述算子。

如图4.5所示，如果$P=\{p_1,p_2,\cdots,p_k\}$是半径R_{query}内p_{query}的邻近点集合。将查询点p_{query}处的局部向量$\boldsymbol{r}_i$定义为$\boldsymbol{r}_i=p_i-p_{\text{query}}$。边缘特征算子在式(4.6)中定义为这些局部向量的总和。

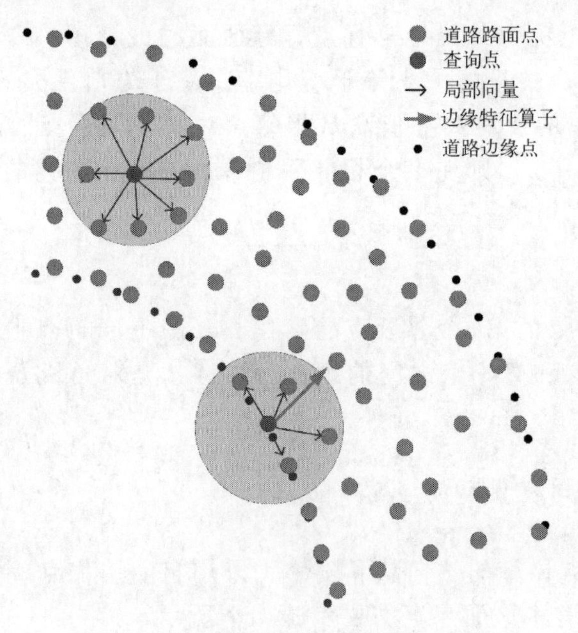

图4.5　道路边缘局部邻域特征示意图

$$\boldsymbol{E}_{\text{des}} = \sum_{i=1}^{k} \boldsymbol{r}_i \tag{4.6}$$

如果查询点确实是边缘点，则该值 E_{des} 大于道路点云中的非边缘点并且描述算子的方向朝向道路的内部。

确定道路轮廓后，根据道路边缘的位置估计道路中心线。现在假设这条路需要拓宽到四车道。因此，必须移除或添加一定体积的道路，以延伸平坦的路面。

如图 4.6 所示，路边被分成了几片。对于每个切片，计算其体积。将所有切片的体积相加，得到需要挖掘或填充的总体积。请注意，切片体积的符号表示需要移除(正号)还是添加(负号)挖方量。根据道路中心线和边缘线，以及道路的展开宽度，找到展开的边缘点。

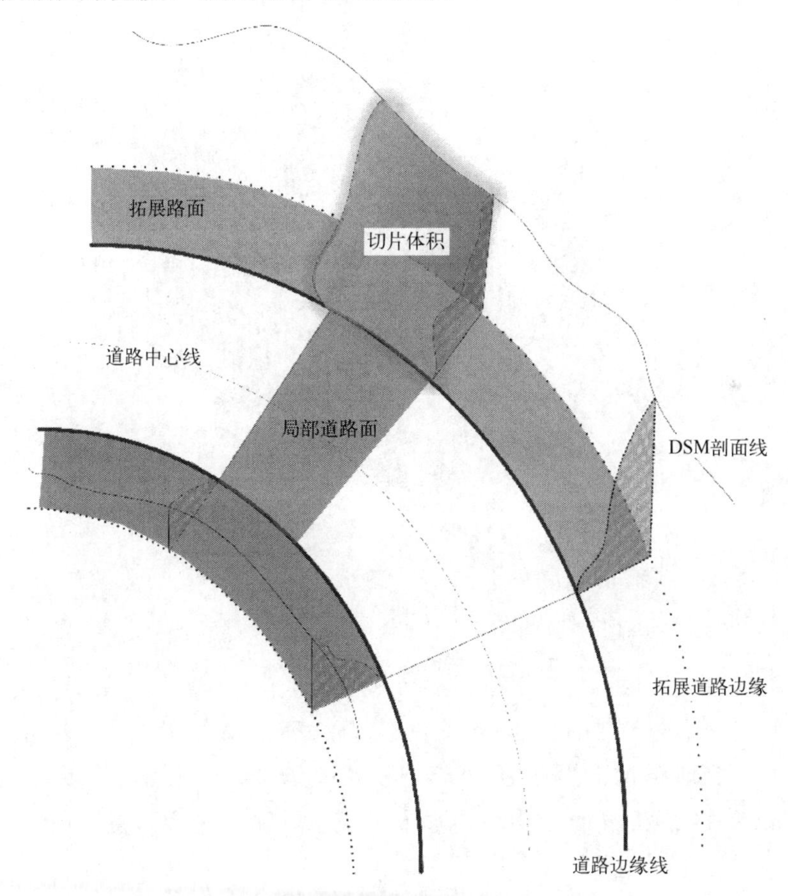

图 4.6　山区道路拓宽的开挖量计算

为减小插值误差，基于点云数据分辨率定义道路平行和垂直方向的分辨率，如图 4.7 所示。其中，P_1, P_2 为一定拓展宽度处同道路边缘点 Q_1, Q_2 对应的点；S_1, S_2 为 P_1, P_2 在 DSM 上对应的表面点；M_1, M_2, M_3 分别为在道路拓宽方向上按拓展分辨率距离处对应的 DSM 表面点。

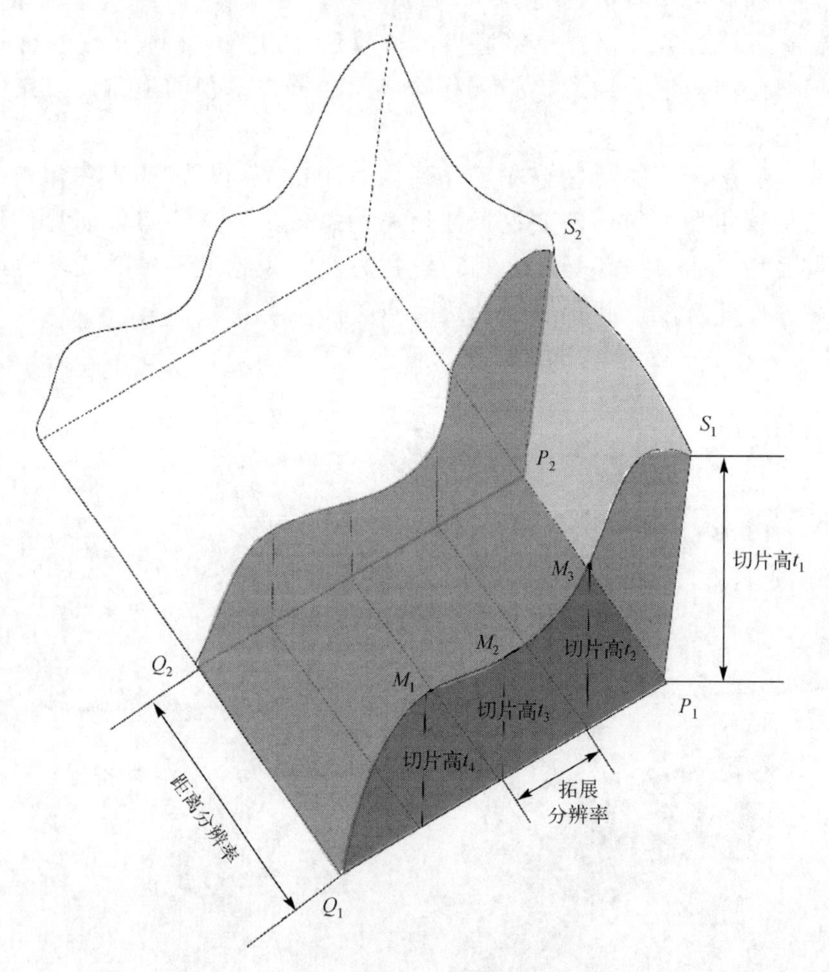

图 4.7　切片体积计算几何示意图

假设 V_T^L 和 V_T^R 分别表示道路南北两侧的总开挖体积量，Δv_i^L 和 Δv_i^R 分别表示第 i 个切片的道路南北两侧的开挖体积量，N_L 和 N_R 表示切片编号。因此，道路每侧需要移除及添加的物料总体积可由式(4.7)计算得到。

$$V_T^L = \sum_{i=1}^{N_L} \Delta v_i^L$$

$$V_T^R = \sum_{i=1}^{N_R} \Delta v_i^R \tag{4.7}$$

例如，如果 $V_T^L > V_T^R$，则可以选择在右侧延长道路，以节省时间和费用。

4.2.6　D8 算法

由 O'Callaghan 等引入的 D8 算法是一种基于网格的算法，由于其简单性而被广泛应用(O'Callaghan et al.，1984)。对于给定的查询网格点，D8 算法通过选择具有最大二维梯度的相邻方向来近似雨水的主要流向，如图 4.8(a)所示。

例如，来自中心像素值为 16 的水流方向是向下的，因为在中心像素的八个相邻像素中，朝向值为 11 的正下方像素的梯度是最大的。在 D8 算法的下一步中，将遵循上述流程。在图 4.8(a)中，所有流向最终都终止于最下面一行的像素。

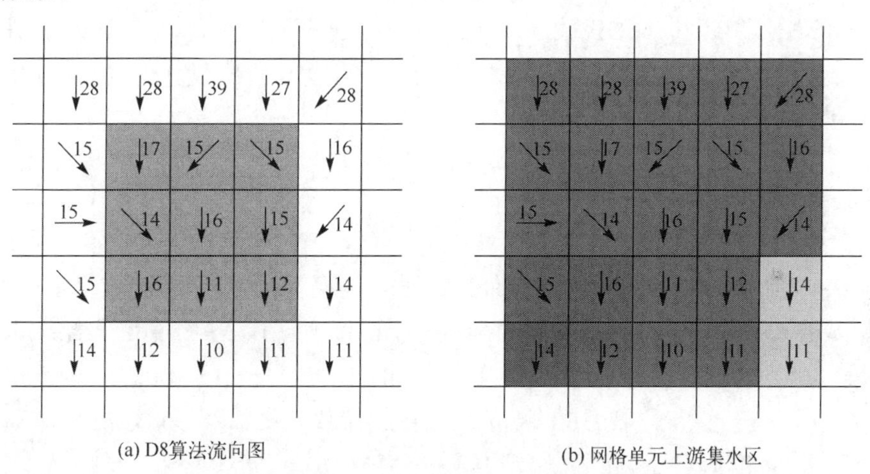

图 4.8　D8 算法(见彩图)

将此方法应用于所有路边像素，结果是将采样的路边分割为不同的集水区。如图 4.8(b)所示，大型集水区对应于较大的局部来水量，该区域被定义为上游集水区。确定每个像素的水流方向，并以相同的随机分配颜色分配流向同一底部的像素。

在这项工作中，原始的降采样点云数据被组织在一个统一的网格中，网格单元的高度是网格单元中所有点的平均高度。每个网格单元可能被八个相邻的网格单元包围。这八个方向的梯度大小由式(4.8)求得。然后将

D8 算法应用于网格点云计算局部流向，通过累积流量连续计算集水区和汇水量。

$$S_i = \frac{H_i - h_q}{d_i} \tag{4.8}$$

式中，H_i为查询点第i个邻近点的高程，h_q为查询点的高程，d_i为查询点到第i个邻近点的水平距离。注意，d_i在对角线方向为$\sqrt{2}w$，w为格网宽度。

4.3 方法实现和验证

4.3.1 软件测试平台

上述方法是在一台普通的戴尔台式计算机上实现的，该计算机具有 Intel Xeon 3.6GHz CPU 和 16GB 内存。软件采用 C++语言实现。此外，在处理过程中还使用了点云库的统计粗差剔除工具。整个处理过程耗时 23.184s，测试数据集包含 13169989 个点。

4.3.2 数据描述

本章研究的点云数据从西班牙维戈大学获取。研究区包含一条山区公路。该点云数据集如图 4.9 所示。本工作选择的移动 LiDAR(light detection and ranging，激光雷达)系统为 OPTECH 公司的 Lynx Mobile Mapper。Lynx 采用两个激光雷达传感器，以 360°视场(每个扫描仪)，每秒 50 万次采集测绘等级的激光雷达数据(Puente et al.，2013a，2013b)。

该系统集成了 Applanix 公司生产的 POS LV 520 单元，该单元包含一个带有两个天线的 GNSS 和惯性导航系统，提供了 0.015°的航向精度、0.005°的横滚和俯仰精度，X、Y 轴精度为 0.02m，Z 轴精度为 0.05m。这些数据都是利用 GPS 基站数据采集后，经差分后处理确定。坐标系为 UTM-WGS84。原始点云数据集包含 5838794 个点，平均点密度为每平方米 2084 点。它覆盖了一段 132m 长的道路。在图 4.9(c)中，可以看到道路是在山区修建的，在南部和北部有陡峭的路堤，如图 4.9(a)所示。

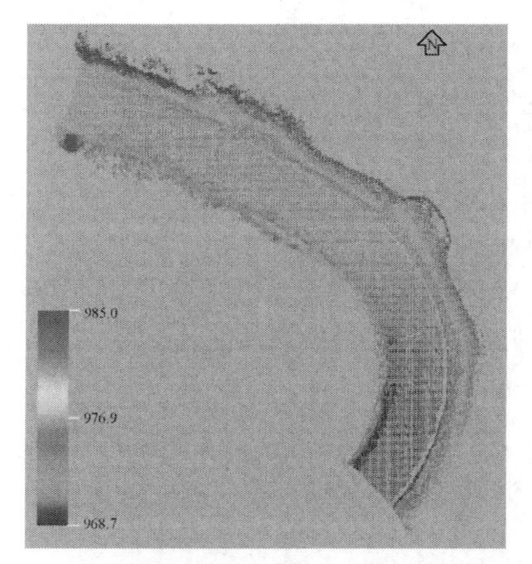

(a) 三维视图中原始MLS点云数据

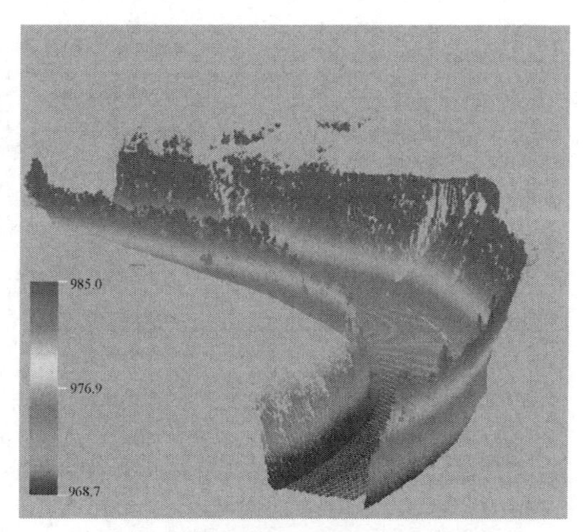

(b) 三维侧视中原始MLS点云数据

(c) 谷歌街景中的研究区域

(d) 用MLS进行数据采集

图 4.9　研究区原始点云数据集

4.3.3　道路几何计算

1. 坡度计算

如图 4.10 所示，该区坡度在 0°～88.1°之间变化。图中用红色编码表示大坡度，蓝色编码表示小坡度。坡度较小的点主要是道路点。道路两侧的点具有与道路边地形陡峭程度相对应的较大坡度值。红色包围的道路上的点比其他道路点有更大的坡度值，这些实际上是交通锥，也可以见图 4.9(d)。已知的滑坡体位于浅绿色圈内，其坡度值较小，与其相邻点陡峭的路边形成对比。

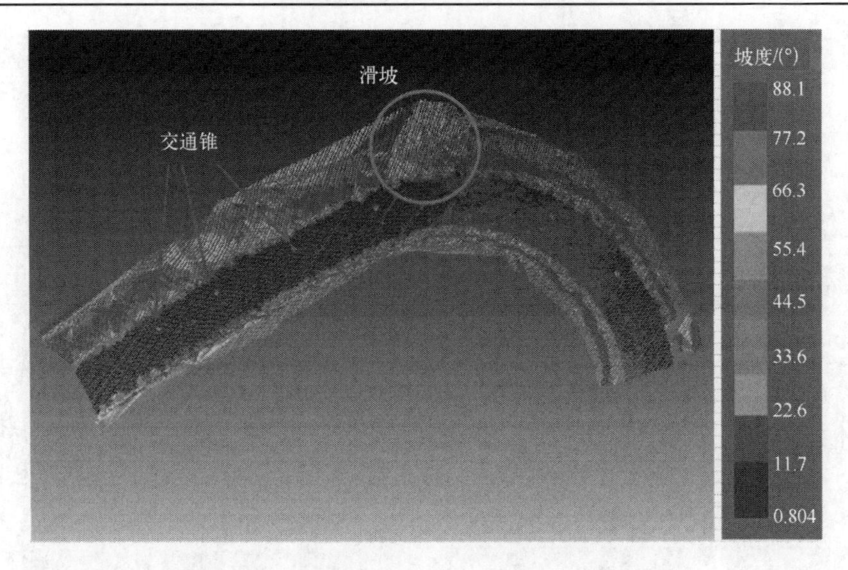

图 4.10　研究路段各点二维坡度(见彩图)

2. 道路检测与分割

根据 4.2 节所述方法识别道路点。因为原始点云数据中点密度非常高，最小虚拟网格尺寸设置为 0.1m，高度阈值设定为 0.3m，角度阈值设定为 15°。在此次处理中，总共提取和分割了 42717 个道路点，结果如图 4.11 所示。

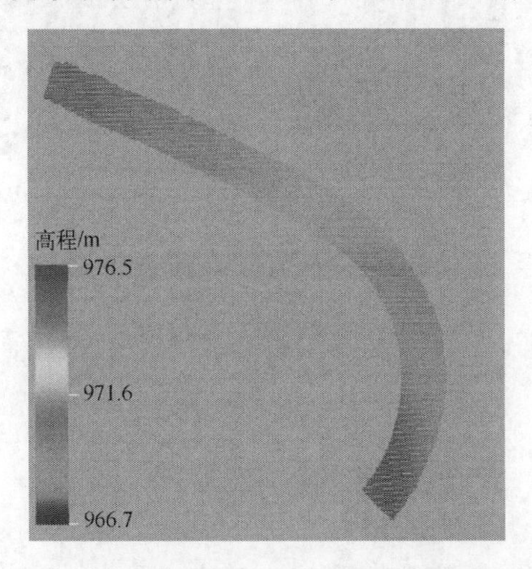

图 4.11　从原始点云数据集中分割出道路表面

3. 体积计算

首先，基于分段道路点，按照 4.2.5 节的方法确定道路轮廓。本章将边缘特征算子的阈值设定为 1.5，即将所有边缘描述符值大于 1.5 的点视为道路轮廓点。

道路轮廓点提取结果如图 4.12 所示，共识别出 429 个轮廓点。图 4.12(a) 描绘了提取出的道路中心线，图 4.12(b) 所示为沿道路两侧各拓宽 4m 的道路边缘轮廓线。

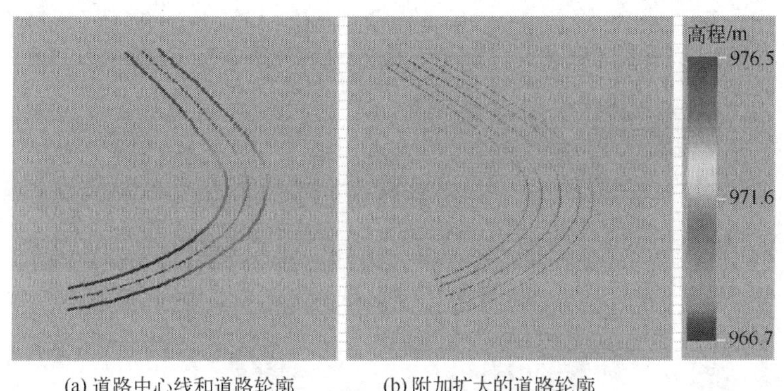

图 4.12　道路轮廓、中心线和扩展道路轮廓

在提取加宽道路可能位置(即当前道路南边和北边各 4m)上方的点后，计算确定代表当前路面和扩展道路平面的点之间的垂直距离，并估计出开挖量。图 4.13 显示了距离当前路侧南部和北部 4m 处地表高度的两个剖面。水平轴从道路的最低点开始跟随道路。在本章中，道路平行方向上的分辨率设置为

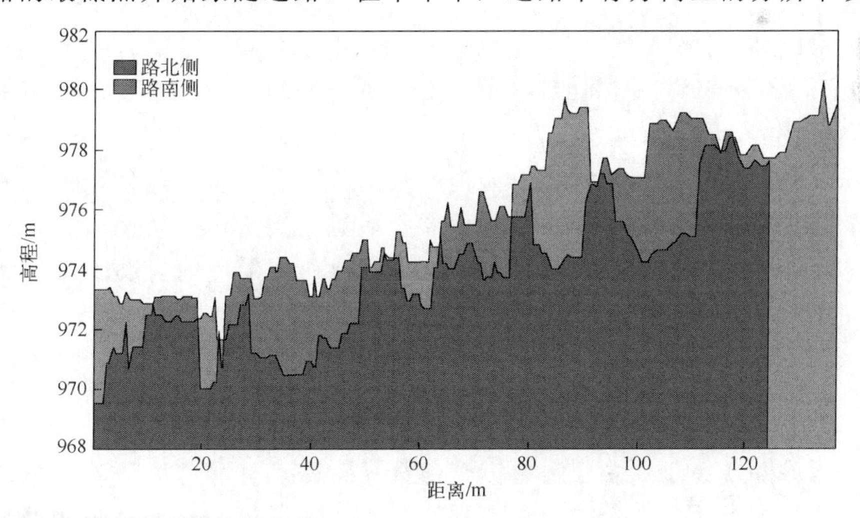

图 4.13　扩展路边的轮廓高度(见彩图)

浅蓝色和浅棕色对应于北部和南部道路一侧

1m，垂直方向上的分辨率设置为 0.5m。图 4.13 为道路沿平行方向地表剖面轮廓整体高程增加示意图。

图 4.14 显示了按图 4.7 所述方法计算的切片的体积。由于道路一侧有一些位置较低的排水部件，因此其切片的体积值小于 0，这意味着如果道路加宽 4m，则需将一些材料添加到这些低洼位置以达到与路面一致的高度。箭头指向具有更大表面高度的位置，从而导致切片具有更大的体积。

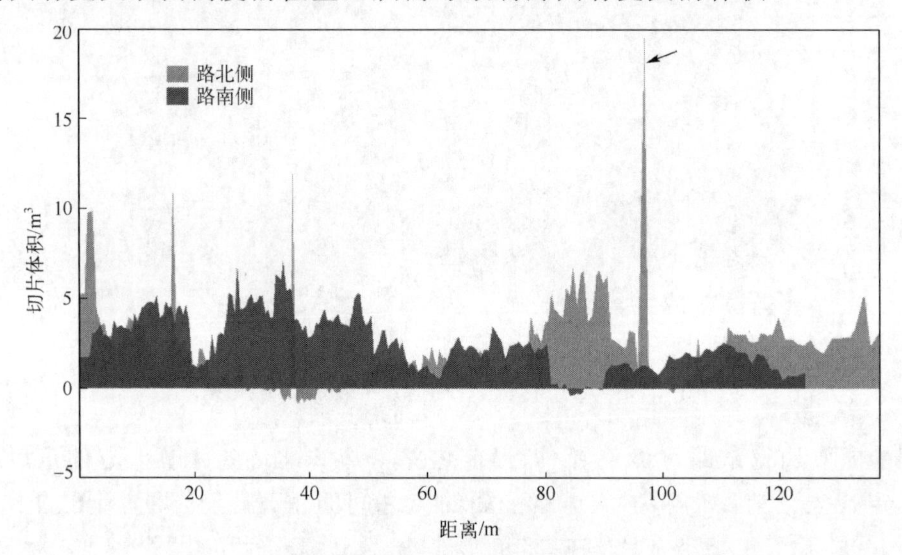

图 4.14　由两侧扩展道路轮廓计算的切片体积(见彩图)

图 4.15 所示为道路平行方向的需扩展路边的累积体积。路南侧需开挖 $542.22m^3$，路北侧需开挖 $462.35m^3$。由于所研究的道路不平直，道路平行方向距离相对于两路两侧的距离不同。北侧长度为 137.2m，南侧长度为 124.1m。在图 4.14 和图 4.15 中箭头所示的位置上，有一片体积特别大的位置，导致累积体积急剧上升。如累积体积估算结果所示，南侧需要开挖的材料体积比北侧大 8%。当在实际应用时，这样的结果可能有助于工程师优化道路拓宽设计，使工程的时间和成本最小化。

4. 路边点分割

按照第 4.2 节中所述的方法，将点云过滤并使用 0.1m 的均匀宽度进行体素化。然后将点云分割并分解为三个部分：道路点、北部路边点和南部路边点。如图 4.16 所示，蓝色的点是道路点，红色和绿色的点分别是北部和南部的路边点。

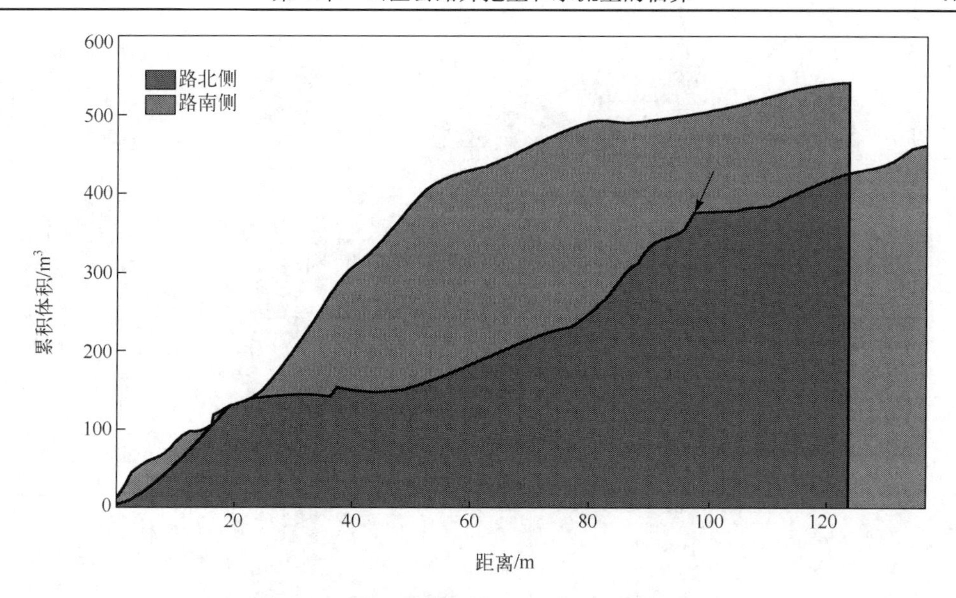

图 4.15　扩展路边的累积体积(见彩图)

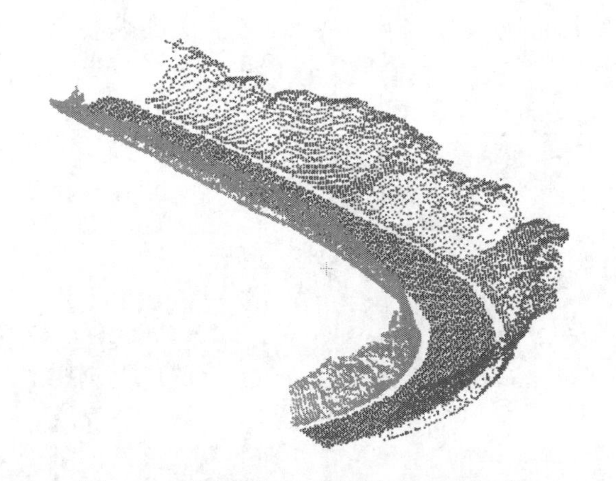

图 4.16　道路点云分割结果(见彩图)

4.3.4　流域估算结果

在应用 D8 方法获取路边坡地的集水区之前，根据点云数据生成了一个统一大小的网格。在本次实验中，网格尺寸预设为 2.0m，估计了道路水流方向，在图中流向用箭头表示，如图 4.17 所示。采用 D8 算法进行计算，道路被划分为各个集水区，在图 4.17 中用不同颜色表示。暗色单元表示没有水流流出。

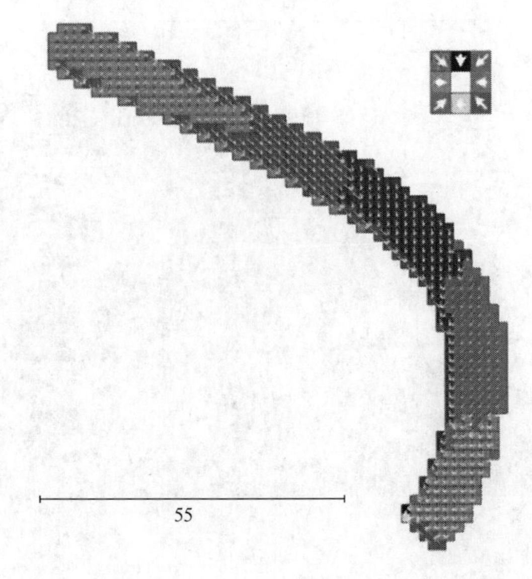

图 4.17　各网格单元上的道路水流方向(见彩图)

在确定了道路上的流水方向后，还估算了道路两侧边坡上的流水方向，如图 4.18 所示。

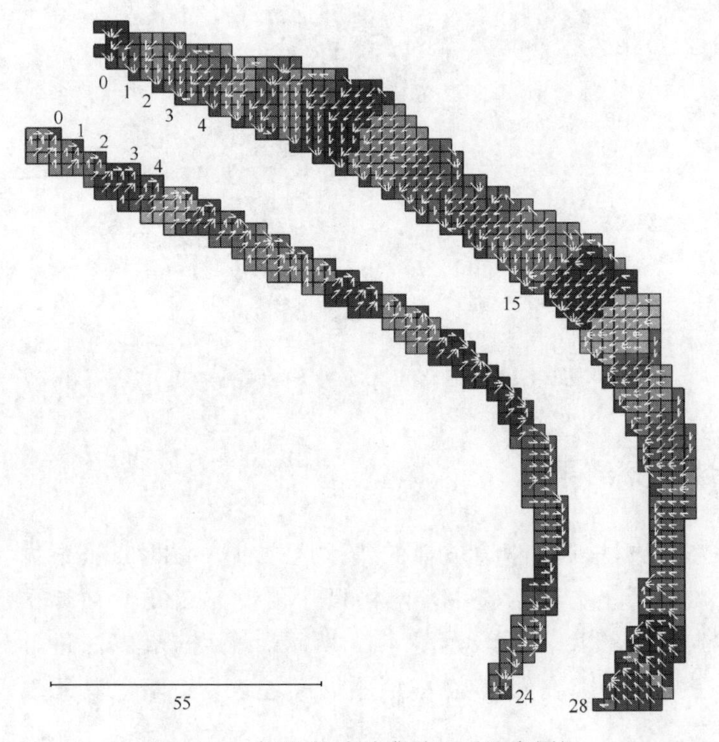

图 4.18　标注的路边集水区(见彩图)

在这个图中，集水区是灰色的，所有最终流入同一集水区的单元都用相同的颜色着色。每个集水区都有一个数字标记。图 4.19 给出了流向图 4.18 中每个标记集水区的网格单元数量。道路南侧有 25 个集水区，道路北侧有 29 个集水区。

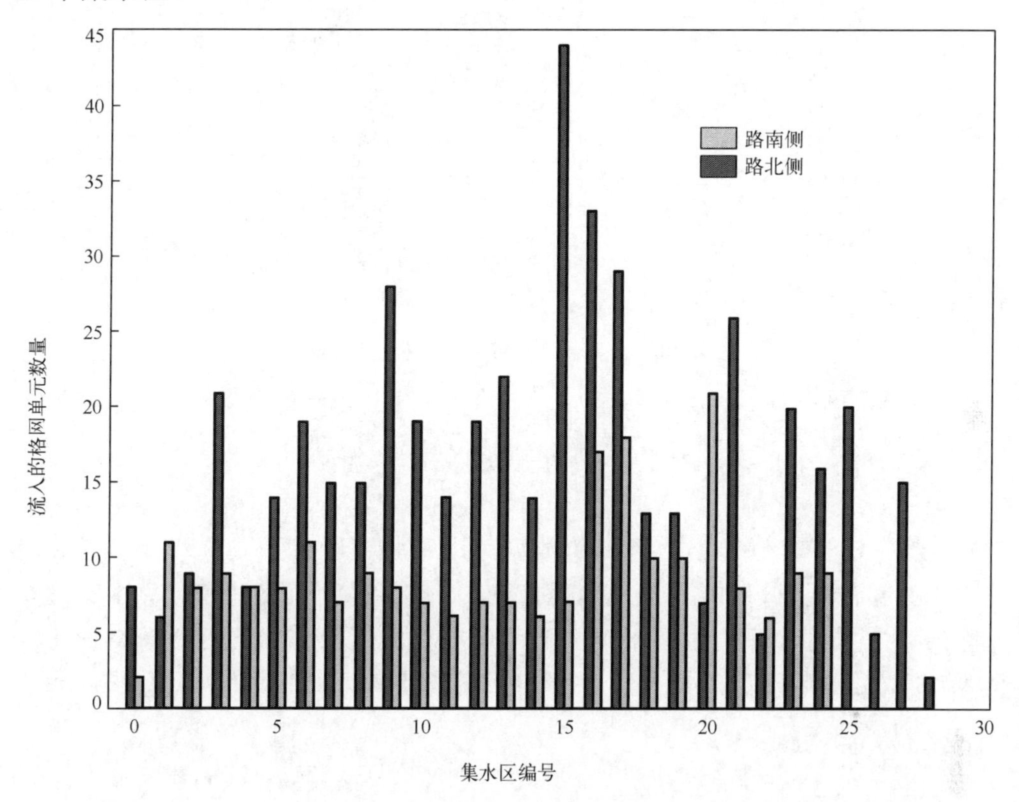

图 4.19　道路两侧集水区单元统计

以路北侧标号为 15 号的集水区为例，有 44 个贡献网格单元，说明这个集水区有很大潜在的流入量。对比图 4.9(b)中原始地形模型可知，这个集水区实际上位于滑坡区的直接下方，如图 4.9(c)所示。这个位置的地形形状的确是这样，预计会有更多的积水。另一方面，标记为 26 的集水区只有 5 个贡献网格单元。事实上，这个位置的路边陡峭，水直接流在路上。在图 4.20 中，网格单元的饱和度对应于水流累积量，即一个颜色饱和度较高的单元从许多单元中收集水分，这也表示水流方向。

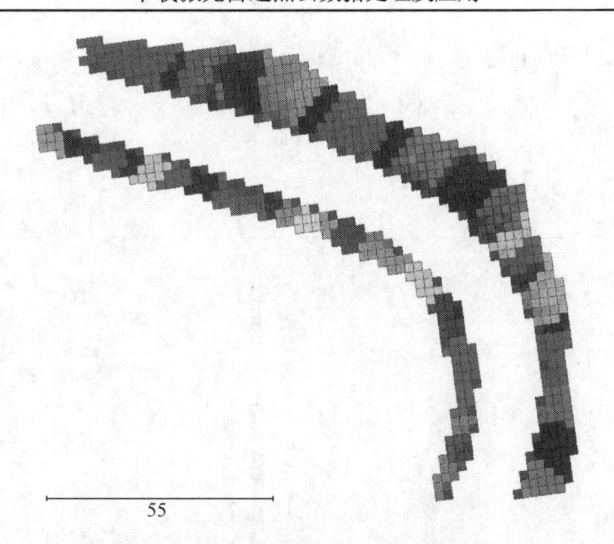

图 4.20　道路两侧格网单元累积流入量

4.4　结果讨论和验证

实验中没有其他传感器提供的数据可用于验证计算结果。相反，通过考虑输入数据的质量，并结合分析这种质量如何传播到最终体积计算中来分析计算结果的质量。开挖量是根据同一系统在同一天第二次运行时获得的第二个 MLS 数据集确定的。此外，还提出了进一步验证结果的可能测量方案。

4.4.1　结果讨论

由于总体积是通过对切片体积求和而得到的，所以总误差的平方等于确定每个切片体积时的误差的平方和。切片体积计算中的随机误差一个是由原始点云中随机测量误差引起的方差分量组成，该分量表示为 σ_{pts}；另一个方差分量对应于切片表面粗糙度，并被记为 σ_r。根据误差传播定律，这些误差之间的关系由式(4.9)给出。

$$\sigma_{\text{Total}}^2 = \sum_{i=1}^{k} \sigma_i^2 = \sum_{i=1}^{k} (\sigma_{i,\text{pts}}^2 + \sigma_{i,r}^2) \tag{4.9}$$

式中，σ_{Total} 是体积计算的总误差；σ_i 是第 i 个切片体积估计的随机误差；而 $\sigma_{i,\text{pts}}$ 和 $\sigma_{i,r}$ 分别表示第 i 个切片的点云测量误差和粗糙度；k 是切片体积的个数，这里等于 132。

因此，本书首先研究了单个切片的体积估计误差。根据 Lynx MLS 的规范和之前的误差研究(Puente et al., 2013b)，测距精度和测距误差分别为 8mm 和±10mm。

由图 4.21 可以看出，这样的单切片在与道路平行及垂直方向按 1m×0.5m 划分为块。在每个块中计算该块中点的平均值和标准差。从道路北坡上随机选择一个切片，以计算该切片的每个块中点的均值和标准差。原始和降采样点云的侧视图如图 4.22 所示。

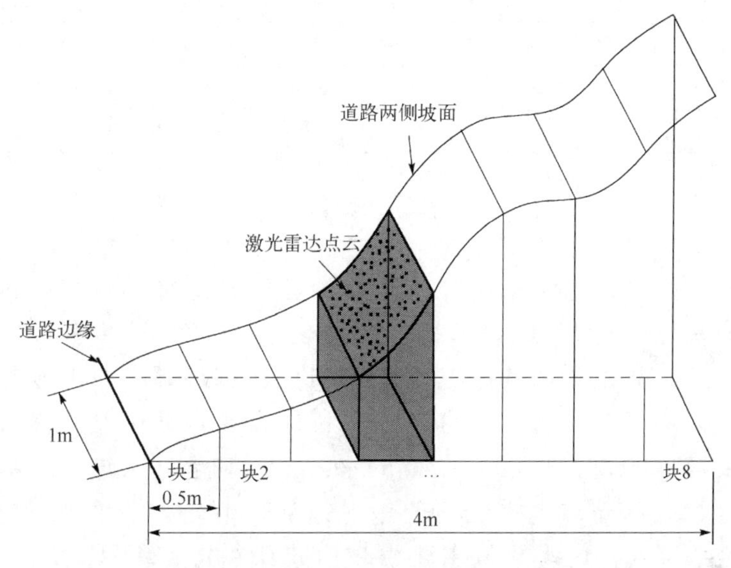

图 4.21　单片体积计算误差分析

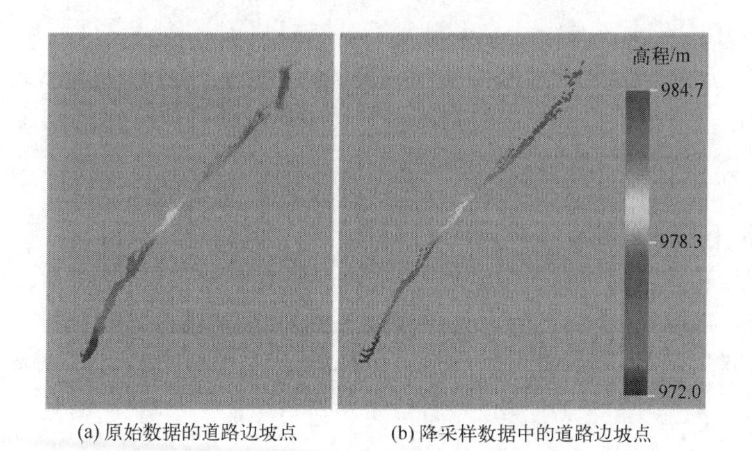

(a) 原始数据的道路边坡点　　(b) 降采样数据中的道路边坡点

图 4.22　随机选择的路侧切片的侧视图

表 4.1 给出了图 4.21 所示的 8 个块的标准差值。每个块的平均点数由 488 个减少到 36 个。该表也清楚地说明了降采样策略的目的：靠近道路的地方，点密度很高，因此点数减少也很多。距道路更远的地方，点密度下降，但保留了大部分有效的原始点。

表 4.1　原始数据及降采样后每个块中点云数据的均值和标准差（单位：m）

点云数据		块 1	块 2	块 3	块 4	块 5	块 6	块 7	块 8
原始点云数据	点数	839	1070	571	284	200	175	354	415
	均值	972.84	974.94	977.57	979.20	981.26	982.70	984.62	987.02
	标准差	0.53	0.71	0.50	0.38	0.40	0.46	0.62	0.69
降采样后点云数据	点数	45	33	33	38	35	40	36	31
	均值	972.43	975.03	977.24	979.19	981.31	982.76	984.54	986.60
	标准差	0.51	0.59	0.59	0.57	0.48	0.56	0.65	0.75

为了总结表 4.1 的结果，计算了原始数据和降采样数据中每个块的平均值之间的差异，绝对差的平均值为 0.18m。需要进一步验证哪种方法实际上更好：原始数据中的均值是基于更多点计算得到的，但局部起伏变化导致扫描几何的局部变化，部分曲面也可能在原点云中过度呈现。对于原始块和降采样后的块，标准差在 0.5～0.6m 之间是可比较的。这些标准差值大于完整数据和缩减数据之间的绝对差异，也远大于单个点的质量。因此，得出的结论是，这些数值主要由表面起伏决定，从图 4.22 中也可以清楚地看出。

假设每个块的标准差值为 0.55m，则每切片的标准差等于 1.56m。假设 132 个切片，这将导致一侧道路总体积的标准差为 17.9m^3。与 500m^3 的总开挖体积相比，该标准差值对应的误差小于 4%。当前的误差主要由表面起伏导致，因此可以通过减小块的大小来减小误差。

4.4.2　基于第二组数据的试验验证

为了验证 4.3 节所示的处理结果，本书将同样的方法应用于同一天使用相同 MLS 采集的第二个点云数据集。结果的差异将与 4.4.1 节讨论的结果进行比较。

1. 基于第二次采集的点云的结果验证

第二次数据采集中使用了相同的 MLS 系统，但车辆在道路上的扫描位置不同。第二次采集的数据包括地理参考点云和给出数据采集期间 MLS 扫描轨迹的数据集。在同一条道路上裁剪的第二个点云数据集由 6374830 个点组成，点密度约为每平方米 2000 个点。第二个点云数据的侧视图如图 4.23 所示。

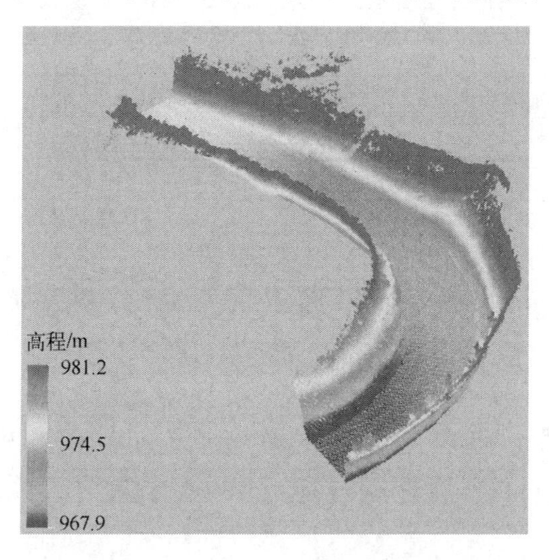

图 4.23　第二个点云数据的侧视图

2. 计算结果

按照第 4.2 节所述的方法，处理第二次采集的三维点云数据集，并计算道路两侧的挖方量，结果如图 4.24 所示。

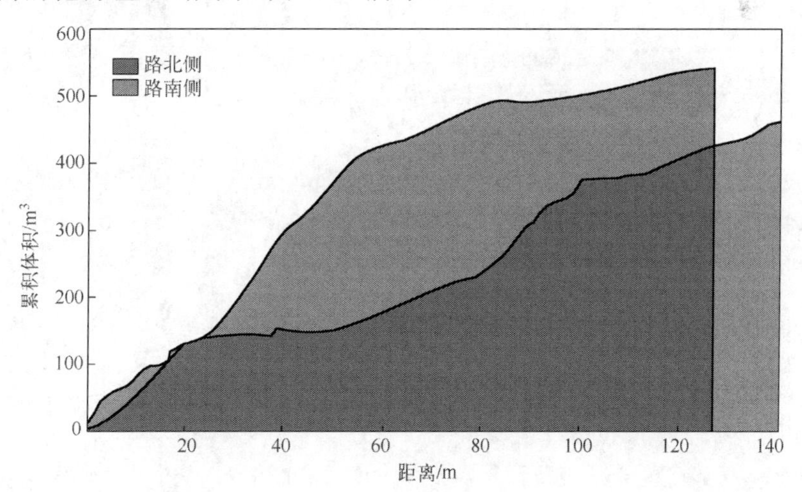

图 4.24　根据第二次采集的点云数据计算的路边拓展的累积体积(见彩图)

两个数据集的数据处理结果比较见表 4.2。结果表明，道路两侧挖方量的差值在 4.4.1 节推导的误差预算范围内，确定为总开挖量的 4%。

表 4.2　原始数据确定的挖方量与二次采集的数据结果对比

	道路南侧坡面	道路北侧坡面
原始数据/m^3	542.2	462.3
第二组数据/m^3	556.3	478.2
差异值/%	2.53	3.32

3. 比较分析

从表 4.2 可以看出，原始点云数据和二次采集的数据计算的开挖量存在一定差异。回想一下，体积是从 1m 的切片中确定的，进一步分成 8 个块，如图 4.21 所示。为了深入了解第一次和第二次采集数据的处理结果之间的差异，图 4.25 为道路平行方向 1.0m 和道路垂直方向 0.5m 的每个块高度的差异。红色虚线是研究道路的抽象中心线。图 4.25 中的紫色和巧克力色线条分别描绘了收集原始和第二次采集的点云数据时 MLS 的扫描轨迹。

如图 4.25 所示，大多数块的高度大致相同，这表明两个数据集是一致的，只有紫色圆圈表示局部高度差出现在 1～2m 的位置。仔细研究这两个点云数据发现，在这些位置中，两次扫描所采集的数据均没有获得有效采样点。这种局部采样缺失是由于遮挡效应导致的。

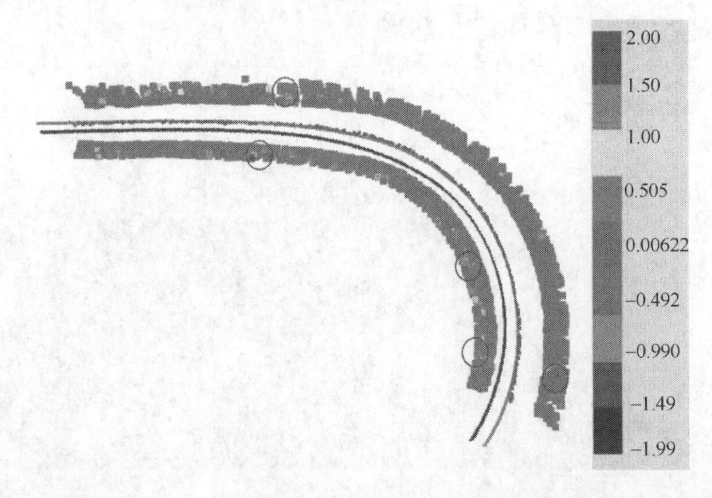

图 4.25　原始和第二个点云数据之间的每个块高度差（单位：m）（见彩图）

这种效应如图 4.26 所示，图中显示了一种图式化的横断面路边坡几何结构。对于轨迹1，紫色区域处MLS被遮挡，因此扫描数据缺失。但该区域可从轨迹2进行扫描。一个很好的解决方案是将两个运行的数据配准拼接起来，这样在这种情况下，两个点云数据可以互相补充。

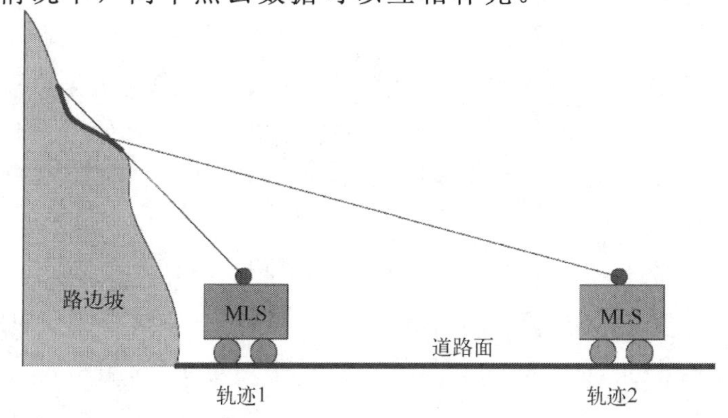

图4.26　车载激光扫描系统与陡峭道路边坡之间的几何关系(见彩图)

4.4.3　进一步验证建议

在现场试验中，有几种方法可以进一步验证本章提出方法的结果。一般的想法是局部地使用其他的测量方式，最好是采用更好的测量方法来采样所考虑的道路和路边的几何结构，并用这些更好的数据重复计算。传统的方法是利用全站仪或RTK(real time kinematics)GNSS等方式在局部地理参考框架中测量三维路面点的某些轮廓点，并将获得的数据导入AutoCAD或3DS Max等建模软件中，建立局部道路模型并计算体积。这种方法可给出准确的结果，但需要大量人力劳动。另一种完全不同的方法是在计划的道路扩建之前直接进行测量。通过这种方法，可以测量开挖材料的实际体积，并将其与相应MLS数据的分析结果进行比较。

4.5　本章小结

本章提出了一种从MLS点云估算某规划道路拓宽开挖量的方法。从一个采样山区道路的MLS点云数据开始，使用一个大小均匀的体素对点云数据进行降采样，去除离群点。然后在每个网格点对局部法线和二维坡度进行估计，将道路点与非道路点分开。最后计算两侧4m内开挖道路所需移除或添加的物料体积。MLS数据显示，在西班牙一条山路的南侧开挖量与北侧的开挖量相差 8%。对这一段数据的更详细分析表明，估算的开挖量误差小于 4%。通过与分析同一天同一系统获得的第二个点云的结果(但来自不同的轨迹)的比较，验证了该方法的数据处理结果。两个数据集估计的挖方量相差 2.5%～3.5%。

下一步是使用提出的方法来确定道路的加宽，例如，在 $0 \leqslant x \leqslant 4$ 的情况下，北部为 xm，南部为 $(4-x)$m，如何使道路延伸段(如 100m)需要移除的物料体积最小化。还需要进一步的研究来确定最佳块大小：在本章中，使用 0.5m×1m 的块；减小块的大小将减小表面起伏对误差的影响，但将增加测量噪声和变化点密度的影响。

山区公路形态环境复杂，面临着滑坡、崩塌等灾害的威胁，需要对其进行道路和道路环境安全监测。为了履行这一义务，必须获得详细和连续的道路环境表面水流模型。MLS 可以在节约时间和经济成本的情况下高效地获取点云。为此，提出了一种估计道路边坡几何特性的计算方法，即梯度和坡度，然后用 D8 算法计算路边的集水区。每个集水区中的单元数是测量流入相应路面位置的水量的指标。

本书将体素单元尺寸设定为 2m，只是为了验证 D8 方法在流域径流估算中的可行性。但是，为了实用和高质量的目的，只要原始数据中的点云密度足够高，分辨率就可以更高，甚至可高达 25cm。此外，为了验证集水区估计结果，还可以引入其他数据集，如机载激光扫描数据、全站仪测量或 GNSS 地形剖面。

为了评估结果，可以使用其他地理信息系统软件来评估水流方向并比较结果。未来的工作将是监测集水区位置，并检查当地道路侵蚀是否与流入的路边集水区的大小相关。注意，这里介绍的 D8 方法需要一个非近零的斜率。也就是说，如果路面局部平坦，则该方法将陷入死循环。一个可能的解决办法是考虑水流的预期速度和方向。

第5章　城区和行道树的单木分割

城市区域中的路边树木是城市环境的重要组成部分，可通过移动激光扫描系统(MLS)进行快速地采样。为了查验和清点城区中行道树的生长态势及精细管理，需要对树木进行单木分割。本章提出了一种基于 MLS 点云的邻接体素分析的单木分割及参数估计方法，并使用此方法进行了路边和城市树木的单木分割。首先，在引言部分进一步指出了现有方法存在的问题。然后，对本章所提出的新算法进行了详细的描述，并通过程序测试验证了所提出方法的可行性。

5.1　引　　言

树木在城市环境中起着不可或缺的作用，而树木资源调查对于生物量估计和监测环境变化又起着举足轻重的作用(Cottone et al.，2001；Zheng et al.，2007；van Deusen，2010；Moskal et al.，2012)。传统方法是在野外通过手工测量数据的参数，这种方法不仅耗时、成本高同时又容易受到主观因素的影响导致误差。此外，如果环境比较恶劣，则现场施测也比较困难(Hopkinson et al.，2004)。

激光雷达已经成为一种成熟的用于获取地理空间信息的测量技术(Vosselman el al.，2010)。激光扫描仪使用高精准的激光脉冲探测感兴趣目标(Cifuentes et al.，2014)，激光脉冲与被测物体相互作用，部分激光脉冲通过后向散射回到探测器上，使其能够获取传感器与目标点之间的距离(Dassot et al.，2011)。激光扫描仪获得的密集三维点云数据综合描述了所探测目标的几何特征。LiDAR 的快速扫描特性，可在短时间内获取整个区域密集的原始点云数据。结合三维点云数据的自动化处理技术，原则上可以高效地提取树的几何参数。近年来，许多学者研究了不同平台 LiDAR 技术在树木和森林方面的应用。这些应用的处理流程主要包括三个步骤：①树点与非树点的分割；②基于树点进行单木分割；③估算每棵树的几何参数。

如今，大量的城市树木调查需要灵活有效的方法从原始点云中将树木点云分割出来，而在原始点云数据中将树木点云识别出来是使用激光扫描技术进行树木建模的第一步，目前已经存在一些算法来检测和分类来自不同传感器捕获的点云。常规方法是基于点云在高程方向的分布对地面点云和非地面点云数据进行分割(Vosselman，2000；Axelsson，2000；Sithole et al.，2004；Kraus et al.，1998；McDaniel et al.，2012)，这种方法可行且可同时生成数字高程模型(DEM)和数字地表模型(DSM)。此外，还有基于区域生长(Pauling et al.，2009；Aijazi et al.，2013)、基于特征的树木分类(Lin et al.，2014；Strom et al.，2010；Rutzinger et al.，2010；Yang et al.，2013b)和树冠模型拟合算法(Lahivaara et al.，2014)。通过对小光斑全波形激光雷达系统的使用，学者们提出了利用后向散射波的波形特征对树木进行分类(Guo et al.，2011；Vaughn et al.，2012；Lindberg et al.，2014)。随着平台集成的多样化(Guo et al.，2011；Vaughn et al.，2012；Karolina et al.，2013)，高光谱和多光谱图像也被应用到了树木的分类和提取上(Puttonen et al.，2011)。还有很多其他的从 MLS 和 TLS 三维点云数据中提取树木点云的方法，在此就不一一列举了(Belton et al.，2006；Rutzinger et al.，2011；Yang et al.，2012b；Zhong et al.，2013；Sirmacek et al.，2015；Wang et al.，2015)。

单棵树的轮廓勾画提取是处理流程中的第二步，旨在将单棵树从大量的点云数据中提取出来。这是本章的重点，将在 5.2 节中进行讨论。

树木模型已经在计算机图形学、林业和遥感等领域进行了大量的研究。Vosselman 等从机载激光雷达点云数据中提取了树木参数并重建了树木模型(Vosselman et al.，2004)。Bremer 等从 TLS 点云中重建了树木的几何结构并用于树木冠层的辐射传输模型计算(Bremer et al.，2015)。此外，Rutzinger 等提出了一种用于 MLS 点云数据的自动化提取 3D 树木模型的算法(Rutzinger et al.，2011)。Bucksch 等引入了基于八叉树的空间划分来提取树木骨架(Bucksch et al.，2008)。2013 年，Tang 等提出了一种从 LiDAR 点云中重构树冠立体表面的算法(Tang et al.，2013)，该方法首先获得不同高度的切片分层，再将切片轮廓合并以形成每株树木的冠层轮廓。但是，这些方法要么适用性较差且计算量大，要么仅考虑了从一种传感器获得的点云数据。本章所提出的算法可以处理多种情况，并在 ALS、MLS 和 TLS 系统获取的数据研究中都得到了验证，其中包括一些挑战性的场景，例如，提取在陡峭地形上的树木或部分被墙壁遮挡的树木。

本章的结构如下：5.2 节讨论了现有的 ALS、MLS 和 TLS 点云树木分离的算法，5.3 节介绍了新提出的用于单树轮廓计算的单木提取分割算法，5.4 节中介绍了该算法的结果和评价，5.5 节进行了讨论。

5.2　相关工作及创新性

现有单树轮廓提取的方法主要分为两类：基于点的方法和基于体素的方法。

第一类处理所有树木点云数据，而后者考虑包含树木点云数据的体素。下面将详细介绍这两种方法。

5.2.1 基于点的方法

现有的算法已经证实了对于ALS、MLS和TLS点云数据进行单木分割并计算参数的可行性。2006年，Solberg等首先提出了一种从ALS点云生成冠层表面模型的方法，然后根据表面模型将单棵树分割并进行标记(Solberg et al.，2006)。Persson等基于ALS点云的垂直分布特征，构造了云杉和松树的形状以区分这两种树，同时还计算了每棵树的位置、高度和树冠直径(Persson et al.，2002；Holmgren et al.，2004)。2001年，Hyyppä等建立了一个地表模型和一个树冠模型，然后生成了树高模型。基于该树高模型除了可以提取单木，还可以估算树高、地面投影面积和胸径等参数(Hyyppä et al.，2001)。Rahman等在2009年以平面点密度的方式将树冠与周围物体区分开，然后根据获得的最大值描绘树木(Rahman et al.，2009)。Rutzinger等引入了一种用于抽稀点云的Alpha形状方法，并生成了由树冠和树干组成的树木模型(Rutzinger et al.，2010)。Alpha形状是凸多边形的概括，可用于描述点云实体的形状，但是需要调整最优半径(Kirkpatrick et al.，1983)。Weber等提出了一种用于MLS点云检测树木并计算其参数的算法(Weber et al.，1995)，其树木检测的准确率为85%(Rutzinger et al.，2010)。在这些研究内容中，研究人员都考虑了树干和树冠分支结构，尽管此方法减少了点云数据的量并部分保留了树木的几何形状，但该方法引入了额外步骤来确定Alpha形状，这同时也增加了计算量。2012年，Li等提出了一种新的区域生长方法，该方法利用树木之间的相对间距从ALS点云中分割出单个树木(Li et al.，2012)，能达到94%的准确率，但仅在稀疏的ALS点云上测试了此方法。2014年，Vega等提出了一种通过空间中k个最近邻点中的最大点来分割单棵树的算法。此算法从高到低处理点云，并将点分配给相应的树枝结构分段(Vega et al.，2014)。该算法在三种不同的林地类型上进行了测试，准确率达到82%。2014年，Duncanson等提出了一种基于分水岭的树冠高度模型来描绘多层树冠以绘制单个树木结构的方法(Duncanson et al.，2014)，该方法可以识别70%的树木，能够确定单木高度、树冠半径和树冠面积等参数。2014年，Lu等提出了一种基于强度和空间结构自下而上的方法，用于提取枯枝的落叶树(Lu et al.，2014)。该方法在森林树木上进行了测试，结果表明84%的树木可被检测到，其中单木分割得到的树木中97%是正确的。

5.2.2 基于体素的方法

以体素的方法处理点云可有效提升处理速度。2008 年 Wang 等提出了一种基于体素的方法来分析树木的垂直冠层结构并获得由 ALS 采样的单树的 3D 模型(Wang et al.，2008)。该算法首先将原始点云重采样成体素，并在体素空间中生成一系列不同高度的水平投影图像。然后根据原始点云归一化高度分布，统计检测主要树木冠层和各层的高度范围。与基于点的方法相比，此方法提高了处理效率，但没有考虑体素之间的关系。Bienert 等介绍了一种基于体素的方法来分析 TLS 扫描森林场景的风场模型(Bienert et al.，2010)。该方法在将 3D 点云转换为表征森林的体素结构之前，可自动识别每棵树干，然后根据区域生长原理对体素进行聚类，最后对每棵树进行解译。

此外，还有其他几种和体素相关的点云处理算法，但是这些算法并没有在树木方面的应用。2013 年，Papon 等提出了一种区域生长算法来对点云进行分割(Papon et al.，2013)。在其研究中，利用体素之间的关系对点云进行了过度分割，并将结果合并以确保与场景的空间几何形状一致。但是，该算法仅在 TLS 扫描的室内对象上进行了测试。Aijazi 等提出了一种基于体素对城市 MLS 点云进行分类的方法，但并没有涉及树木(Aijazi et al.，2013)。Cabo 等使用基于体素的方法从 MLS 点云中检测出杆状物体(Cabo et al.，2014)。该方法首先通过规则的尺寸体素降采样了所导入的 MLS 点云数据，通过评估体素的分布形态，对树木进行分类和识别。尽管如此，城区道路两侧的树木大多高度相近，并且没有太多重叠。此外，也并未对 ALS 和 TLS 点云进行测试。Babahajiani 等提出了一种基于超级体素对城市环境进行自动化分类的方法(Babahajiani et al.，2015b)。在这项研究中，建筑物、道路、树木和汽车均已成功分类，但是没有研究有相互遮蔽树木的分割情况。

2013 年，Wu 等提出了一种基于体素的树木检测方法来从 MLS 点云中检测行道树木(Wu et al.，2013)。该方法计算效率高，并且能够在街道场景中提取单棵树。但是，该方法侧重于 MLS 扫描的点云数据，尚未考虑 ALS 和 TLS 扫描的点云数据。该方法从三维网格的底部开始搜索树木，因此无法检测到多茎树木或树干被遮挡的树木。值得注意的是，该方法显示了其在分离相似行道树中应用的可行性，尤其是沿路分布并且和路具有相同的延伸方向。但并没有对大小不同且在不同方向上紧密相连的城市树木进行测试，该方法采用了 Liu 等提出的增量竞争区域生长算法来分离相互压盖的树冠(Liu et al.，2006)。这种方法考虑树木几何中心的相对距离，而不是体素单元之间实际的连接。如果体积较大的树遇到体积较小的树，就会引起识别的错误，因为较大的树的点将会被错误地分配给较小的树。

5.2.3　创新点

本章所提出的基于体素的单木分割算法与之前的算法在以下几个方面不同。

(1)将每个体素划分到单木是基于一种新的体素邻接分析的方法，这使得相邻树的分割更加准确，尤其是相邻树木大小不一的情况。

(2)在体素化的过程中，体素单元的大小在3个坐标轴的方向上都可不同，这使得算法在复杂的场景中的应用更加灵活。

(3)在空间聚类的过程中，会将非空的体素进行聚类，同时将不相连的部分进行分割，这样可更高效地处理大量的数据。

(4)在单木分割的过程中，该算法可由从下到上和从上到下两个方向进行遍历。这不仅可以将被墙遮挡的树(没有被 MLS 扫描到的树干)分离出来，还可以从两个方向验证单木轮廓，最终使得算法更加可靠稳定。

5.3　基于邻接体素的单木分割方法

本章介绍的单木分割方法主要包括以下六个步骤(图5.1)：

(1)预处理，对原始三维点云数据中的树木点云进行分类，分割出的树木点云将作为下一步的输入；

(2)体素化，将导入的树木点云重新采样到与预设体素尺寸相对应的大小；

(3)将相邻的体素单元进行空间聚类；

(4)在所有聚类体素单元中进行单木种子体素簇的选择；

(5)对多种子簇的聚类体素单元进行分割；

(6)评估整体单木分割的质量。

在接下来的小节中，将详细介绍所提出的算法。

5.3.1　数据预处理

在此步骤中，会对导入的点云进行树木点云的分类和分割。由于这部分不是本章的研究重点，因此该步骤是使用现有方法完成的，通过自动滤波或手动分割的方法来获取树木点云。

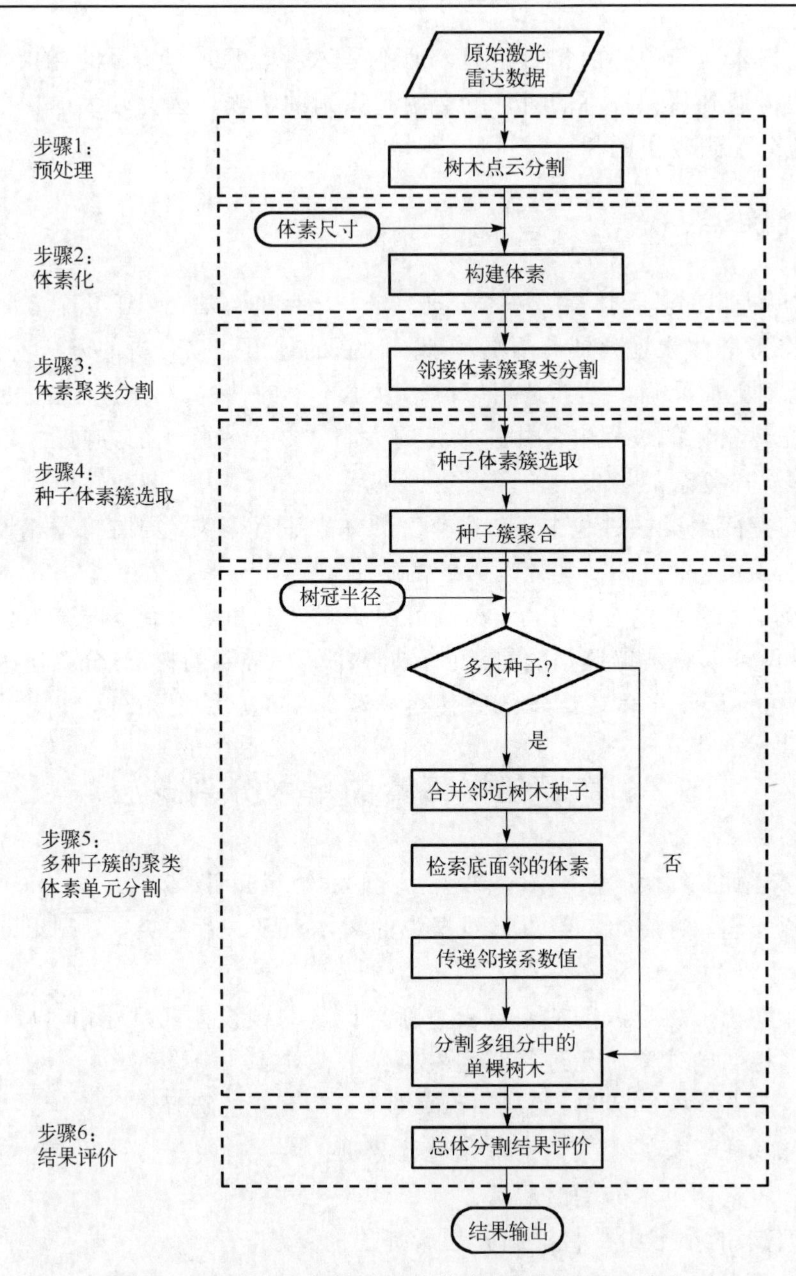

图 5.1　基于体素邻接分析的单木分割提取处理流程

在这项工作中，分两步提取了树木点云，首先，利用 Kraus 等提出的算法将输入的原始点云分为地面点和非地面点(Kraus et al.，1998)。对于非地面点，使用 Sirmacek 等提出的算法提取树木点云(Sirmacek et al.，2015)。

5.3.2 体素化

点云的体素化意味着通过体素单元对点云进行重采样，本算法的体素单元是一个长方体而不是立方体，这使得体素单元在 3 个坐标轴方向上具有不同的边长，分别由 W_x、W_y 和 W_z 表示，体素化的具体内容在 3.2.4 节中已进行详细描述。

5.3.3 相邻单元的聚类

为了提高计算效率并处理高度差较大的树木，相连的单元将在点云体素化之后进行聚类。此处，在进行单树分割之前，采用了 Yu 等提出的空间种子填充法对所有正体素单元进行聚类(Yu et al.，2010)，如图 3.5 所示。首先，所有的正体素单元都标记为未访问，然后从当前单元开始，获得 26 个邻近的单元。所有标记为未访问的正体素单元都被放到群集堆中。循环执行此步骤，直到遍历所有正体素单元为止，此步骤的输出是以体素簇形式标记的体素单元。

5.3.4 种子单元的选择

将簇状树木集合的体素单元分为单个树，首先需要进行种子单元划分，种子单元可能会在分割后产生一棵单独的树。由于自下向上划分的过程类似于自上向下划分的过程，因此本节将仅详细描述从上向下划分的方法。

首先，当且仅当该单元格具有向下的邻近单元同时没有向上的邻近单元时，才可定义为顶层种子单元。此处，一个单元的向下邻近单元就是与待确定单元向下的面相连接的单元。例如，在图 3.5 中，B 单元是 C 单元的向下邻近单元，C 单元是 B 单元的向上邻近单元。图 5.2 展示了有两个点云簇的场景，包含两棵相连的树和一棵单独的树，着色的单元分别是两个点云簇最初的种子单元。

接下来将相邻的种子单元进行聚类，得到图 5.2 中的种子点 S_1、S_2、S_3 和 S_4。在此阶段，一个单木种子簇通常由多个相连的体素单元组成，种子的位置定义为种子单元内所有点的重心。

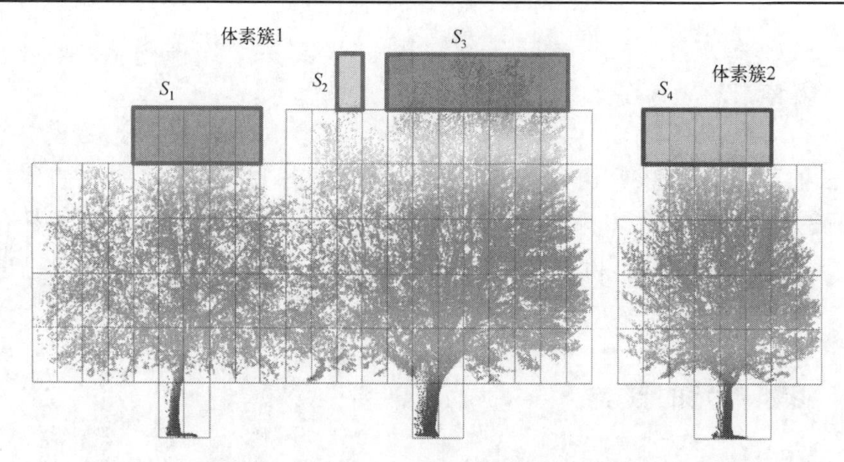

图 5.2　相邻单元自上向下聚类成潜在单木的种子簇（见彩图）

S_1、S_2 和 S_3 是第 1 簇的潜在种子点，S_4 是第 2 簇的潜在种子点

5.3.5　单木分割

单木分割从第 5.3.4 节中已确定的潜在种子体素簇开始，本节主要描述从树的顶层的潜在种子开始向下到底层，最后成功进行单木分割。

1. 多成分点簇探测

本节将把 5.3.3 节中生成的点簇分类为多个或单个成分点簇，多成分点簇将包含一棵以上树的点云，当且仅当一个点云簇满足以下条件时，该点簇才被视为具有多个成分。

(1) 该点簇至少具有两个已确定的潜在种子点簇。

(2) 任何两个潜在种子点簇之间的最小距离大于预设的最小树冠直径。

如果一个点簇不满足以上条件，则被视为单个成分点簇，并且将其识别为一棵单独的树。如图 5.1 所示，探测到的多个成分簇接下来会用于单木识别。

2. 种子继承

通过种子合并可以避免将一棵带有多个高枝的树分成多棵树，在识别出潜在的种子体素单元之后，包含多个潜在单木的点簇分割，首先需将附近的单木种子簇进行合并，图 5.3 是图 5.2 的侧视图，其中包括有两棵相邻接的树。

如图 5.3 所示，体素化产生了 7 个垂直的体素分层，此处将首先识别出的潜在种子单元聚类并标记为 S_1、S_2 和 S_3。点 P_1、P_2 和 P_3 分别是每个种子体素簇中所有点云的重心，然后计算所有潜在种子点簇重心之间的水平距离。如图 5.3 所示，3 个已选定的种子单元之间的水平距离为 D_{12}、D_{23} 和 D_{13}，也就是点 P_1、

P_2 和 P_3 之间的距离，邻近的种子以迭代方式进行合并。首先，以升序对距离进行排序，使用邻近的一对种子体素簇对来判断水平距离是否小于预设的最小树冠直径。在图 5.3 中，水平距离 D_{23} 小于预设的最小树冠直径 D_T，因此将种子 S_2 和 S_3 合并为一个种子单元并标记为 S_2，如图 5.4 所示。下一步重新计算下一对种子体素簇之间的距离，并重新计算距离，直到种子单元之间的距离大于树冠直径阈值为止。

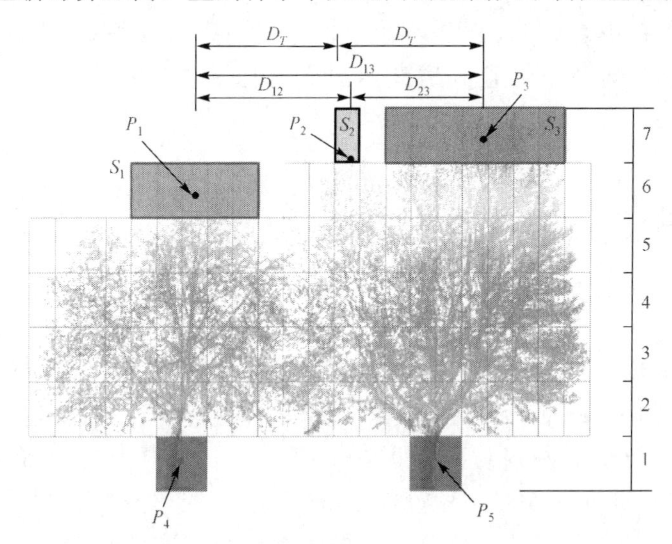

图 5.3　种子单元识别和融合(见彩图)

D_{23} 小于预设的最小树冠直径 D_T，因此将种子 S_2 和 S_3 合并为一个新的种子单元

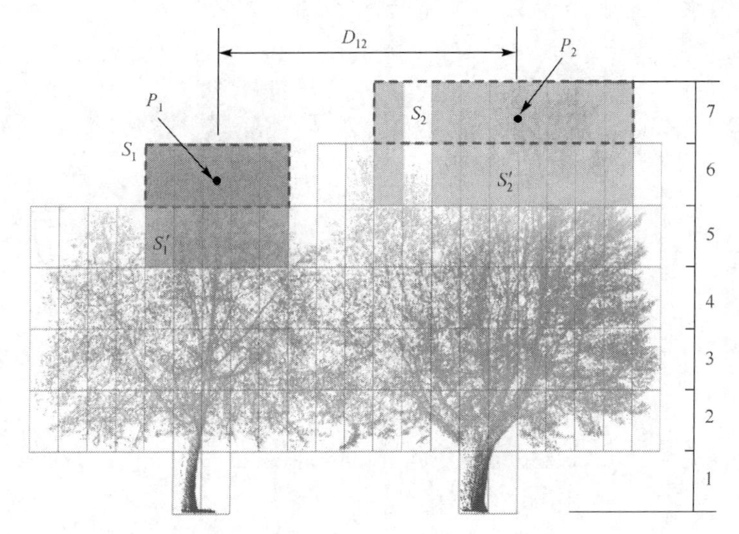

图 5.4　上层种子标识继承(见彩图)

下层的种子标识 S_1' 和 S_2' 都是从上层的种子标识 S_1 和 S_2 继承的

通过合并邻近种子点簇后，可以很容易找出其向下的邻近单元，这些下面的邻近单元可继承其向上邻近单元的点簇标识，如图 5.4 所示，种子 S_1 和 S_2(第 7 层)向下的邻近单元已经分别以浅青色和橙色标记了出来，这些单元继承了点簇标识并形成了第 6 层的新种子，当向下遍历下一层时，将执行相同的操作。

从底层向上遍历时，将执行类似的操作。如图 5.3 所示，红色的单元是种子单元，并且在由点 P_4 和 P_5 表示的重心上也计算欧氏距离，然后重复执行类似的种子合并和标识继承，直到达到体素单元的顶层为止。

3. 将种子单元分配给每棵树

此步骤的目的是将单元分配给每棵树，种子识别和融合后，种子索引由体素底面的相邻单元继承，并且在下一个体素单元层继续进行分割。如果在某一层，各单元仅与一个种子单元相连，则将这些单元分配给同一棵树。但是，遍历到所有单元都已连接并且具有从顶层种子继承的更多单木种子索引的层时，情况就会复杂起来。如图 5.4 所示，第 5 层将从第 6 层继承两个点簇标识。为了有效地分割此层的单元，提出了一种基于邻近分析的单元分配方法。

基于连接的分割不仅考虑了距离，还将周围的体素单元都进行了考虑。图 5.5 是图 5.4 所示第 5 层的俯视图。青色和橙色的单元格分别具有从上表面相邻种子 S_1 和 S_2 继承的索引。条纹状的橙色和青色填充的单元格是第 5 层中首先被识别出来的两棵树的边缘体素单元。单木种子簇的边缘体素单元定义为在其 8 个面相邻体素单元中至少有一个未分配的种子体素单元。

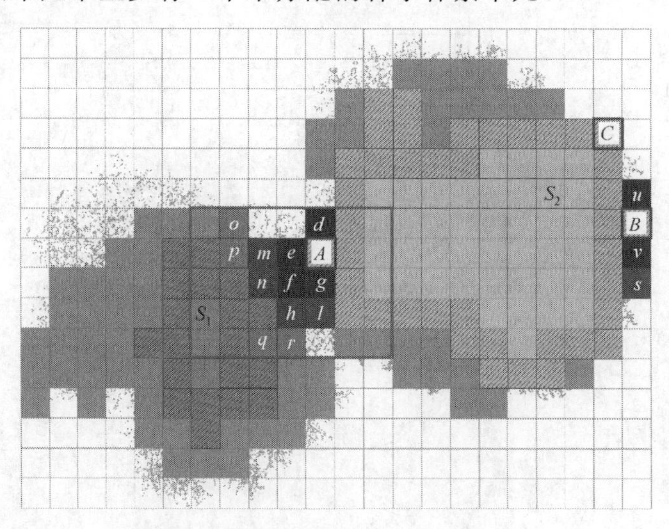

图 5.5 相邻单元的分割(见彩图)

种子点 S_1 和 S_2 的边缘单元将用来计算同一层未分配体素单元的连接系数，如 d、e、f 和 g 等未分配的单元将根据连接系数分配给相应的树木，首先，将所有边界单元的连接系数设置为 1；然后，将连接系数分配给它周围未分配的相邻单元，连接系数由式(5.1)计算得出。

$$c(t,s)=C(t,s)\times R(k) \tag{5.1}$$

式中，$c(t,s)$是相对于源体素单元的目标单元的连接系数；$C(t,s)$是目标单元相对于源单元的相邻类型，由式(5.2)确定：

$$C(t,s)=\begin{cases}0.50, & t\text{ 是 }s\text{ 的面邻接体素}\\0.25, & t\text{ 是 }s\text{ 的棱邻接体素}\end{cases} \tag{5.2}$$

如果单元 t 与单元 s 有一个相同的面，或者当 t 与 s 连接的直线上的所有单元也与 s 有一个相同的面时，我们将 t 单元定义为面邻近单元。如果一个单元不是源单元的面邻接体素单元，那么它就是源单元的边缘单元。例如，在图 5.5 中体素单元 d、e、g、m、p 和 l 是面邻接体素单元，而 f、n、h 和 o 分别是边界体素单元 A 的边缘连接体素单元。

$R(k)$表示从源单元到其未分配的相邻单元影响的衰减，并定义为

$$R(k)=\frac{1}{k}$$

式中，k 是当前体素单元相对于源体素单元的阶数，而体素单元相对于源体素单元的阶数定义为连接源体素和目标体素的最短路径的体素个数。例如，在图 5.5 中未分配的体素单元 d、e、f 和 g 与体素单元 A 直接相连，因此它们是 A 的 1 阶体素单元，此时 $k=1$；体素单元 m、n、h 和 l 则为 2 阶体素单元，此时 $k=2$。

所有边缘体素都将其连接系数传递到所有相连未分配的邻近体素，直到同一层中没有相连且未分配单元为止。例如，在图 5.5 中，体素单元 B 有 1 阶体素单元 u 和 v，也有 2 阶体素单元 s。在将其连接系数先后赋值给单元 u 和 v 以及单元 s 之后，单元 B 已完成其连接系数的传播。单元 C 没有未分配的连接单元，因此不需要计算相对于 C 的连接系数。当一层中的所有树通过其边缘单元传播到同一层中所有未分配的体素单元后，未分配的体素单元将具有对应于每棵树的累积连接系数。然后，将未分配的体素单元分配给具有最大累积连接系数的树，当将所有单元分配给每棵树后，体素内所有点将被导出，作为独立树的点云。

4. 连接系数确定示例

图 5.6 是图 5.5 中红色矩形区域的放大显示，该图显示了每个单元相对于两

个树 S_1 和 S_2 的边界单元的累积连接系数值。在图 5.6 中，每个单元右上角的值是相对于树 S_2 的累积连接系数值，而左下角的值是相对于树 S_1 的连接系数值。

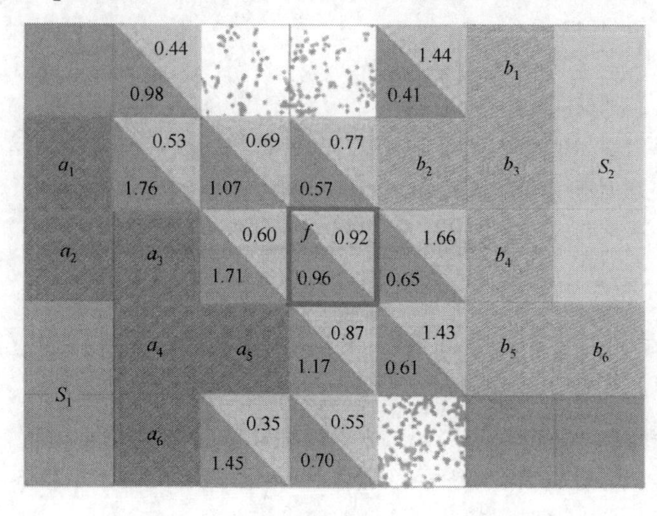

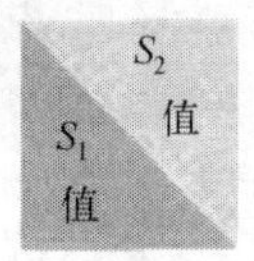

图 5.6　未分配单元连接系数值的计算(见彩图)

未分配单元将会分给具有较大连接系数值的树木，例如单元 f 将会分配给 S_1

未分配的单元与同一层中的树的累积连接系数值通过式(5.3)计算，在图 5.6 中，这些值仅基于长方形中的边界单元进行计算，以便进行演示。

$$c(t,S_j)=\sum_{i=1}^{n}c_i=\sum_{i=1}^{n}C(t,s_i)\times R_i \tag{5.3}$$

式中，$c(t,S_j)$ 是树 S_j 的所有边缘单元的未分配单元的累积连接系数，n 是树边缘单元的数量，c_i 是第 i 阶单元的连接系数值，$C(t,s_i)$ 和 R_i 分别是连接类型和相对于第 i 阶边缘单元 s_i 未分配的体素单元阶的倒数。例如，图 5.6 中红色矩形中的单元 f 与树 S_1 的连接系数的计算方法如下：

$$\begin{aligned}c_1&=c_{a1}+c_{a2}+c_{a3}+c_{a4}+c_{a5}+c_{a6}\\&=\frac{0.25}{3}+\frac{0.5}{3}+\frac{0.5}{2}+\frac{0.25}{2}+\frac{0.25}{1}+\frac{0.25}{3}=0.96\end{aligned} \tag{5.4}$$

式中，c_{a1}、c_{a2}、c_{a3}、c_{a4}、c_{a5} 和 c_{a6} 分别是边缘单元 a_1、a_2、a_3、a_4、a_5 和 a_6 的连接系数。以 c_{a1} 为例：单元 f 是边缘单元 a_1 的 3 阶连接单元，所以单元 a_1 的因子确定为 $\frac{1}{3}$。因此，根据式(5.1)，单元格 a_1 关于 f 的连接系数为 $\frac{0.25}{3}$。同样，对于树 S_2 其连接系数值计算如下：

$$
\begin{aligned}
c_2 &= c_{b1} + c_{b2} + c_{b3} + c_{b4} + c_{b5} + c_{b6} \\
&= \frac{0.25}{3} + \frac{0.5}{1} + \frac{0.25}{2} + \frac{0.5}{2} + \frac{0.25}{2} + \frac{0.25}{3} = 0.92
\end{aligned} \tag{5.5}
$$

对于单元 f 来说，$c_1 > c_2$，因此将其分配给树 S_1，生成的单元分配如图 5.7 所示，可以看到，浅蓝色的体素单元 o、p、m、n、h、q、r 和 f 分配给树 S_1，浅橙色的体素单元 d、e、g 和 l 分配给树 S_2。

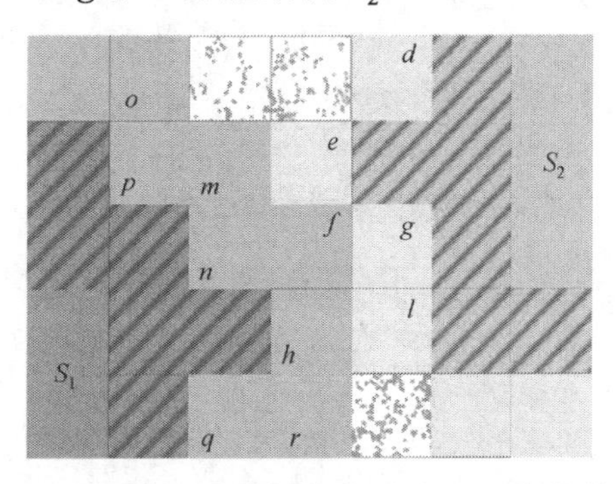

图 5.7　单元分配结果(所有未分配单元都分配给了对应的单木体素簇)(见彩图)

5. 相连树木分割算法

VoxTree 算法(算法 5.1)中描述了相连树木分割的全部流程。

算法 5.1　多种子层的体素分割

输入：同一层中的单木种子集 $\{s\}$ 及未分割的体素 $\{w\}$

输出：被正确分割至单木的体素集 $\{w\}$

```
1   function  AssignCells
2       for 单木种子 s_i do
3           boundary cells {b_i} ← DeterminBoundary();
4           for 体素 v_j ∈ {b_i} do
5               邻域体素 {n} ← SearchNeighbourCells();
6               while {n} ≠ empty do
7                   for 邻域体素 n_k ∈ {n} do
8                       c_i += C(t, s_i) × R_k
9                   end for
10              end while
11          end for
12      end for
```

```
13          for 未分割体素 {w}   do
14              id ← MaxTreeCoefficient(c);
15              分割体素 w_m 至树 s_id
16          end for
17      end function
```

在该算法中，函数 DeterminBoundary 用于获取平面种子簇的边缘单元。函数 SearchNeighbourCells 实现平面邻域搜索，函数 MaxTreeCoefficient 获取待确定单元的连接系数最大树的索引。假设在此相连树的聚类中有 N 个单元，首先，所有单元至少遍历一次；然后将未分配的单元分配给相应的树。

将单元分配给树后，该单元将被标记为树的组成部分，将当前层中所有单元都分配给相应的树之后，该单元的索引将由下一层的地面相邻单元向下继承，如此往复，直到到达体素单元的底层。

5.3.6　整体质量分析

本节将介绍单木分割和参数提取质量的评估方法，在单木分割的过程中，无论是从上至下还是从下至上，每棵单树都根据其大小分配了质量标志。如果树冠直径大于或小于预设的尺寸阈值，则将标志设置为 0；否则将标志设置为 1。对于那些标记为 0 的树，沿相反方向进行再次分割，如果已进行有效的分割(即标志值为 1)，则该结果作为最终的树木分离结果；如果两个遍历方向都导致质量标志为 0，则将该结果输出，这样的结果可作为一个分割指示，以便进一步采用人工核验的方式进行完善。然而，为了验证分割的结果，在 5.4 节中给出了针对不同场景的不同方法。

5.3.7　预计计算量

所提出方法的计算量取决于体素单元的大小和算法的复杂性。假设树木的空间边界框为 D，体素像元大小为 d，则像元数为 $N=\left(\dfrac{D}{d}\right)^3$。由于所有的单元将至少遍历一次，因此最少计算量为 $\Omega(N)$。同时，在 5.3.3 节中邻接体素单元聚类的复杂度为 $O(N)$。但是，由于连接系数取决于在不同情况下边界单元的数量，因此很难准确估计单树分割的复杂性，本书将在 5.4.2 节中给出试验的计算时间分析。

5.4 算法评估

为了验证所提出算法的灵活性和可靠性，下面进行了5个试验。

(1)分割由不同传感器所获取的同一棵树的点云。

(2)分割同一传感器采样的相同树木，但体素大小不同。

(3)分割树干被遮挡的树木点云。

(4)在陡峭的地形上分割树木点云。

(5)分割不同连接方向的树木点云。

最后，对VoxTree方法进行验证，并将其与人工处理的真实数据和处理了11棵TLS点云数据的现有方法(Wu et al.，2013)进行比较，这些试验的结果如下。

5.4.1 不同载荷同一场景

在本节中，将对由ALS、MLS和TLS连续扫描的三棵树进行处理，以评估所提出基于邻接体素分析单木分割方法的灵活性及适用性。这些数据集包括两棵相连的树和一棵独立的树，数据集的详细信息如表5.1所示。

表5.1　3个数据集的参数

	ALS	MLS	TLS
扫描仪	未知(van der Sandeet al.，2010)	Fugro DRIVE-MAP	Leica-C10
点云数量	3640	112957	2346740
采集时间	2011-11-30	2013-11-23	2015-07-23

图5.8显示了三株相同树(T_1、T_2和T_3)的三组点云，由于扫描机制和获取角度的不同，点云分布和密度存在显著差异。MLS和TLS采集的点云分别如图5.8(b)和图5.8(c)所示。相比于前两种扫描机制，ALS点云(图5.8(a))由更少的点组成。注意，图片左侧的两棵树有连接，右侧的一棵树是独立存在。

ALS、MLS和TLS单木点云的分割结果如图5.8所示，在该测试中，所选的体素单元大小在x、y和z方向分别为1.0m、1.0m和2.5m，最小树冠直径为7.5m，最大树冠直径设置为最小树冠直径的5倍，3个点云集都使用相同的体素大小。ALS、MLS和TLS数据集的处理时间分别为0.241s、0.428s和0.626s。尽管TLS数据集中点云个数是ALS数据集点云个数的644倍，但是其处理时间仅增加了3倍。从图5.8中的放大区域可以看出，对于所有3个数据集，两棵紧密邻接的树能被有效地单木化。

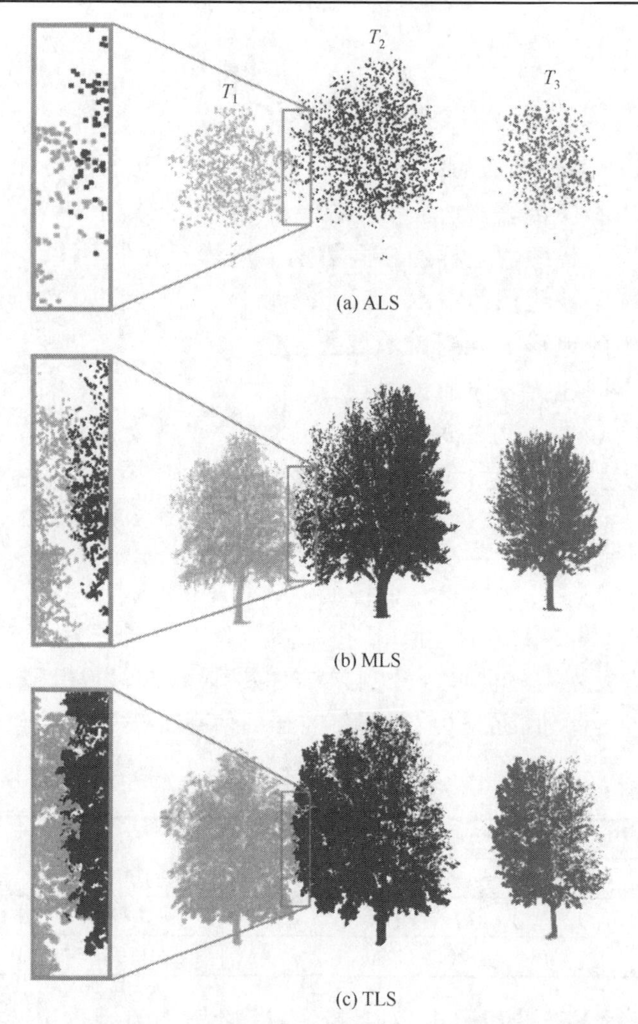

(a) ALS

(b) MLS

(c) TLS

图 5.8　三种载荷采集的原始点云数据和相连树木的分割结果

5.4.2　同场景同载荷不同体素大小

为了测试不同体素大小在计算时间上的适应性，采用不同大小的体素对 MLS 点云进行测试，单树分割的结果如图 5.9 所示。如图所示，有四种不同大小的体素用于识别树 T_1 和 T_2。图(a)～(b)，水平分辨率从 2m 变为 1m，而高程分辨率保持不变。在该测试中，四种情况的最小树冠直径均设置为 7.5m。图(c)和(d)是单树的分割结果，其体素单元大小分别为 0.5m 和 0.1m。

从图 5.9(a)和(b)可以看出，将水平方向体素大小从 2m 减小到 1m，可以在两棵树连接的区域中分割出更精细的点。图 5.10 展示了场景(a)、(b)、(c)和(d)的计算时间如何随着体素尺寸的减小而增加。

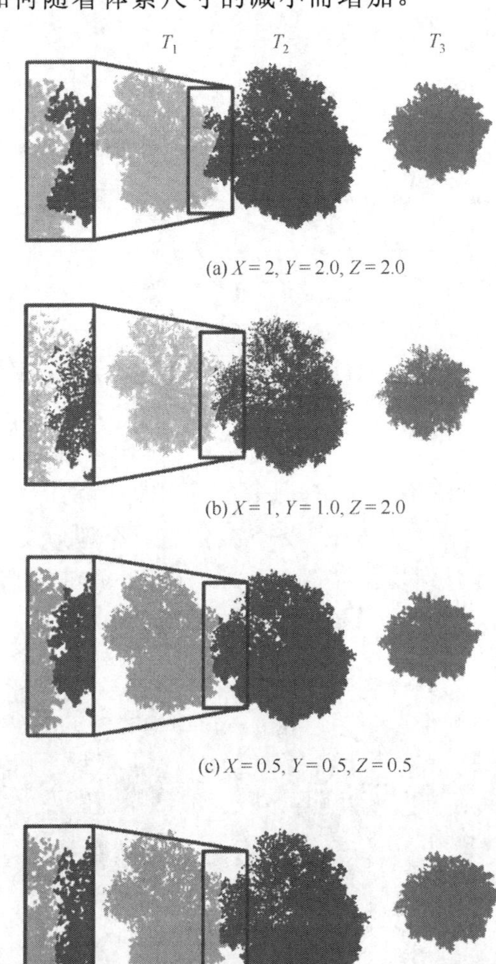

(a) $X = 2, Y = 2.0, Z = 2.0$

(b) $X = 1, Y = 1.0, Z = 2.0$

(c) $X = 0.5, Y = 0.5, Z = 0.5$

(d) $X = 0.1, Y = 0.1, Z = 0.1$

图 5.9　采用不同尺寸体素单元的车载点云数据分割结果

在图 5.10 中，水平轴指的是图 5.9 中四个试验中的体素单元个数，竖轴表示以毫秒为单位的单木化处理时间。灰线绘制了线性时间分布结果，而黑线中的四个点分别表示这四个不同尺寸体素单元试验的实际处理时间。尽管只有四种不同大小的单元，但趋势仍然证明，计算工作量很大程度上符合 5.3.7 节中的理论分析。

为了进一步验证算法在多个分层中分割树木的能力，采用 TLS 扫描了六棵紧密相连的树木，其中包括四棵高大的树木和两棵低矮的树木的点云。

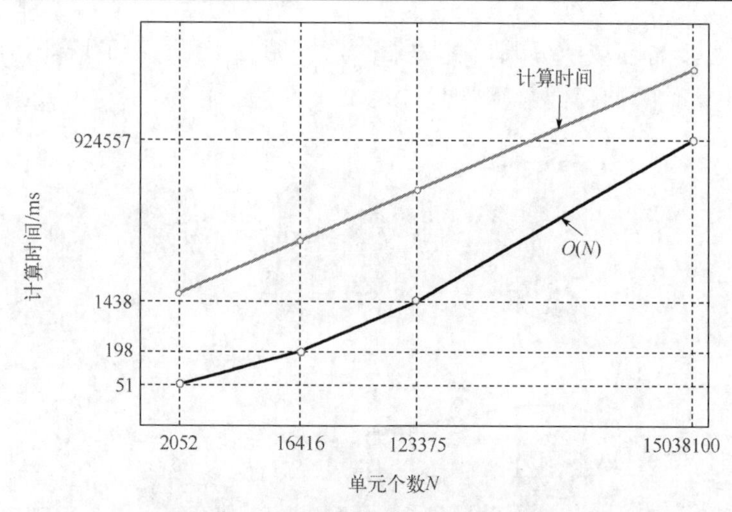

图 5.10　四个不同尺度体素的单木分割试验计算时间

在该测试中进行相同的处理，并且将三个轴方向上的体素单元大小都设置为 0.5m，最小树直径设置为 3.5m，从下至上进行分割，结果如图 5.11 所示。图 5.11(a)和图 5.11(b)分别给出了俯视图和侧视图，可成功分割出所有六棵单独的树，包括两棵低矮树。

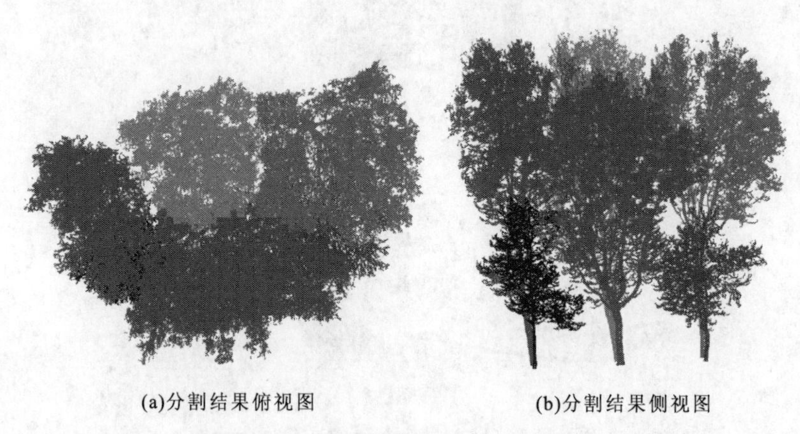

(a)分割结果俯视图　(b)分割结果侧视图

图 5.11　多个高度分层的单木分割

5.4.3　树干被遮挡的树木

提出的 VoxTree 算法可将树从顶至底或从底至顶进行单木分割，这样可以对被汽车或墙壁遮挡导致的树干无点云数据的树木进行有效单木分割，图 5.12 中有四棵由 MLS 扫描的无树干树木。

(a)原始点云图

(b)分割结果图

图 5.12　无树干点云数据的单木分割结果(见彩图)

图 5.12(a)是原始点云的正视图，图中是一堵墙和四棵相邻树木组成的场景，同时树木由于墙的遮住，缺失树干点云。

在这种情况下，VoxTree 算法首先从下至上进行遍历，结果将四棵树分成了一棵大树，由于预设的最大树直径为 27.5m，所以分割后质量标志为 0。因此，对于这种情况需要从上至下进行分割，最终结果质量标志为 1，图 5.12(b)为分割的结果，四棵树以随机颜色赋色。此测试中使用的体素大小在三个方向上均为 40cm，最小树冠直径为 5.5m。

5.4.4　陡峭地形的树木

本节演示了该算法在陡峭地形上单木分割的能力。图 5.13(a)显示了奥地利 Obergurgl 地区的一处陡峭地形，陡峭的山坡上有几棵云杉，有些树木是相连的，于 2015 年 7 月 7 日使用 RIEGL VZ-400 TLS 扫描仪对此处进行了数据采集。使用红色矩形区域中的数据进行测试，该区域的共有 121039 个原始点云，分割后剩余 30732 个树木点，在图 5.13(b)中，地面点为深红色，而树点则为从红至蓝按高程从高至低赋色。

将树点从原始点云中分离后，采用了 VoxTree 算法，图 5.13(c)是该单木分割结果；同时图 5.13(d)给出了 Wu 等提出方法的分割结果(Wu et al.，2013)，地面点为深红色，分割出的单木为随机赋色，共有 36 棵。从红色矩形的放大区域可以看出，连接的树已被成功单木化，如图 5.13(d)所示，现有方法无法分离底部高度相同的树木。

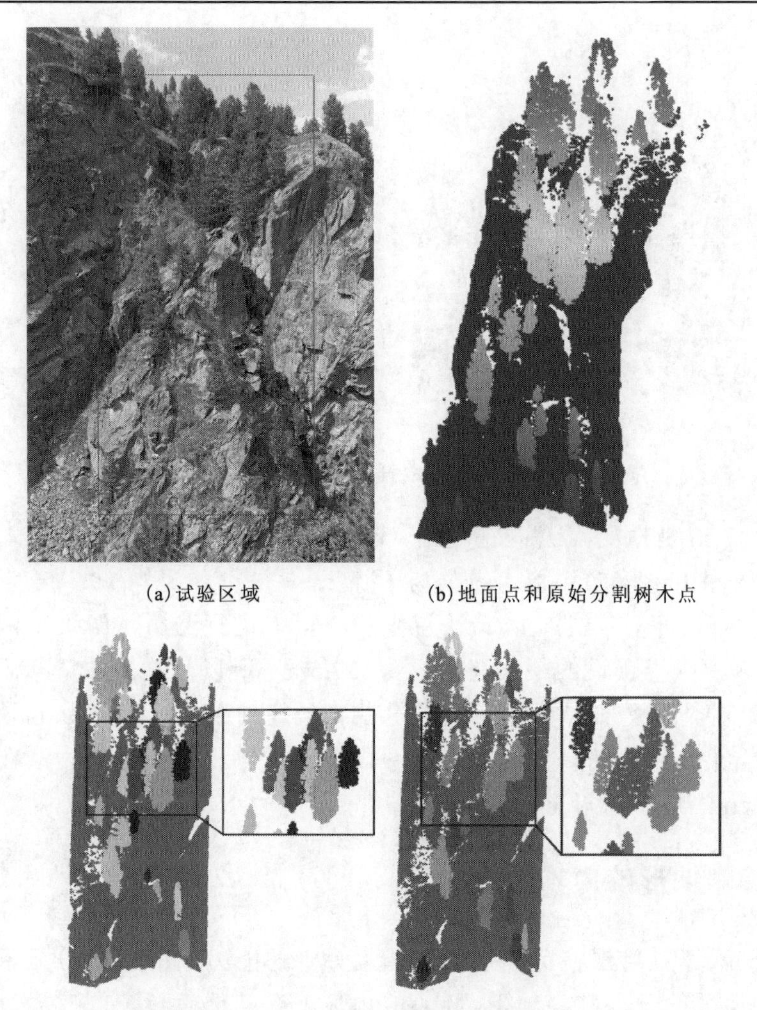

(a) 试验区域　(b) 地面点和原始分割树木点

(c) 陡峭地形单木分割结果　(d) 采用 Wu 等提出方法的单木分割结果

图 5.13　陡峭地形的单木分割结果(见彩图)

5.4.5　不同连接方向的树木

本书还对 ALS 点云数据在不同方向上连接的树木点进行了处理，显而易见，数据集中树木的大小都不尽相同，数据取自荷兰 AHN2 项目(van der Sande et al., 2010)。原始树木点云如图 5.14(a) 和 (b) 所示，共有 36005 个点，并且平均点密度为 5pts/m^2，人工处理的结果显示此处总共有 63 棵树，由于是从上方扫描了点云，因此树干上的点比树冠上的点少。

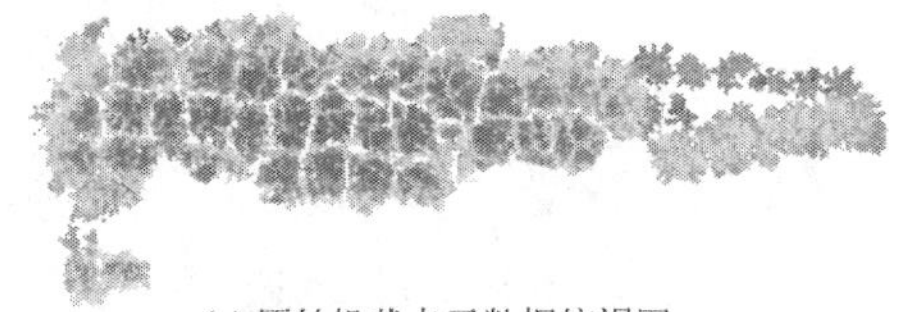

(a) 原始机载点云数据俯视图

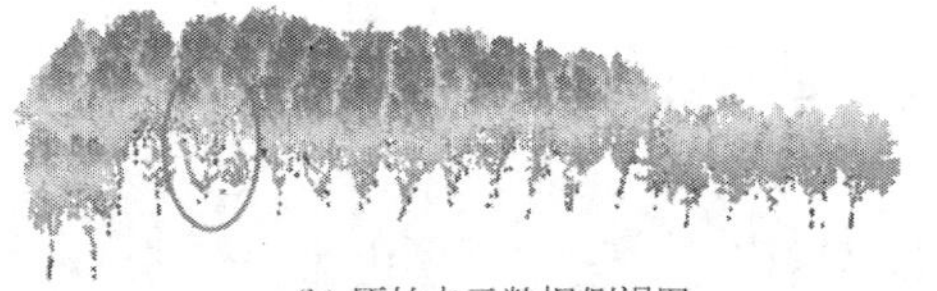

(b) 原始点云数据侧视图

(c) 单木分割结果俯视图

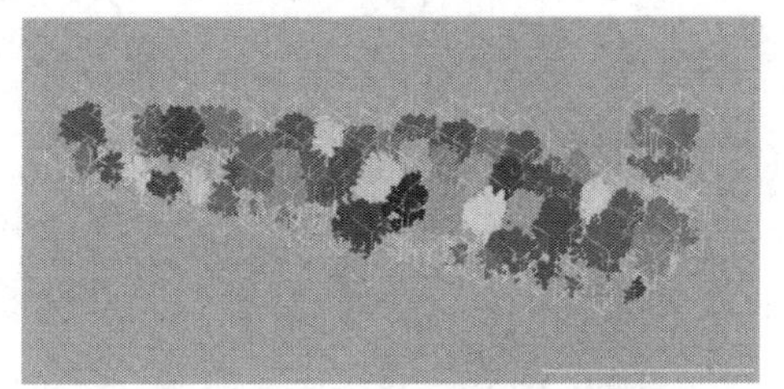

(d) 单木边界框

(e) 图(b)中椭圆形区域的树木

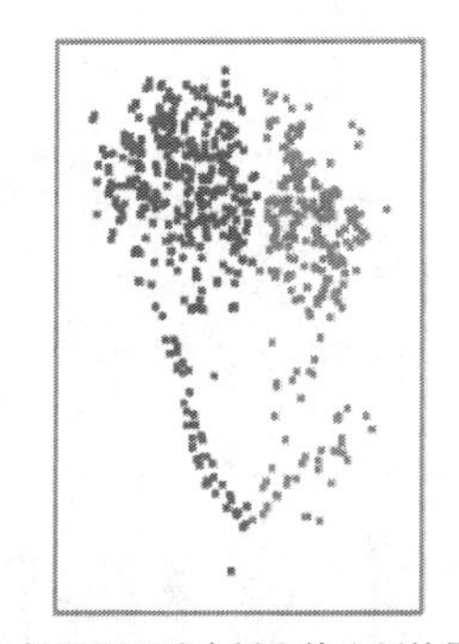

(f) 椭圆形区域中树木的分割结果

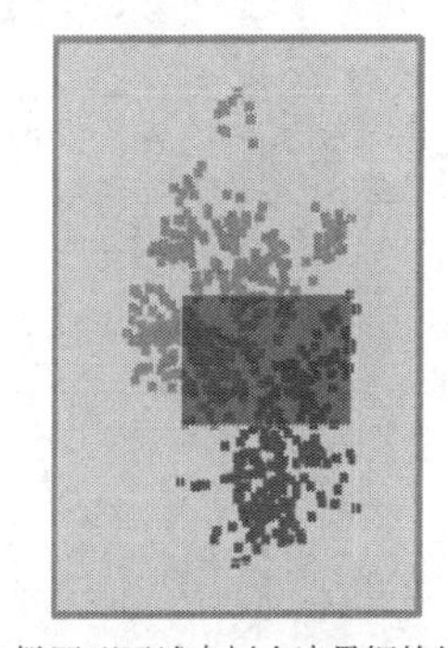

(g) 椭圆形区域中树木边界框的俯视图

图 5.14　原始机载点云数据和单木分割结果

算法中使用的体素大小在水平方向为 20cm，在垂直方向为 40cm，最小树冠直径为 6.5m，单木分割结果的俯视图如图 5.14(c)所示，VoxTree 算法可识别出 66 棵树，与真实树木的数量相比，多识别了 3 棵。图(e)、(f)和(g)是与主要图中椭圆形区域相对应的放大图，此处 VoxTree 算法将一棵树分为了两个部分。原因是这棵树有两个较大树枝分杈，并且数据质量都很好，而同时它的树干仅有一个点云。无论是从下向上或者是从上向下进行分割时，单木分割质量标记均为 1，因此会生成两棵树。

图 5.14(d)是带有边界框的个性化树的可视化图。图 5.14(f)是图 5.14(b)和(c)中椭圆形区域的放大图；图 5.14(g)是两棵相交树木边界框的俯视图，颜色深的矩形表示两个边界框的重叠区域，较大的重叠区域表示两棵独立的树具有较大的相交区域。由于相邻树木分割的误差主要在高度重叠的情况下，这表明，若想达到最优的分割结果，可以将相交边界框纳入考虑范围。

5.4.6 与地面真值的交叉验证

为了验证所提出的方法对单木分割的准确性，使用 Leica C10 扫描仪扫描了 11 棵相连的树木，这些树木点云数据采用人工分离的结果作为准确性评估的依据，图 5.15 显示了原始点云和分离后的地面真值。

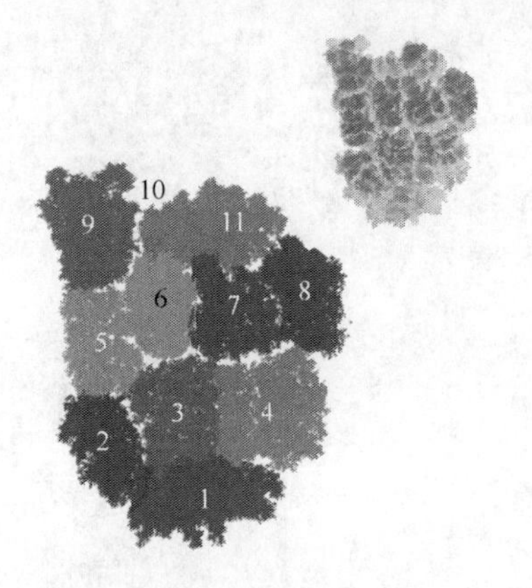

(a) 原始点云和人工分割真值俯视图

(b) 原始点云和人工分割真值侧视图

图 5.15　11 棵相连 TLS 扫描树木的原始点云和人工分割结果

图 5.15(a)和(b)中右上方的小图像是原始点云的俯视图和侧视图，图 5.15(a)和(b)的大图是从两个不同视角手动分离的树，并进行了标记。

本实验中，采用了 Wu 等提出的方法(Wu et al.，2013)进行了测试，对于 Wu 等所提出的方法和本章所提出的方法(VoxTree)，都使用了 30cm 大小的体素，两种方法的单木分割结果如图 5.16 所示。

图 5.16(a)是 Wu 等所提方法分离结果的俯视图，图 5.16(b)是 VoxTree 方法的结果，可以看出 Wu 等提出的方法(Wu et al.，2013)效果很好，并且大多数点已正确分配；VoxTree 方法擅长分离树的连接部分。为了定量比较这两种方法的精度，下面以人工分割的结果作为参考，计算了两种方法的 Cohen's Kappa 系数(Cohen，1960)。为此，每 11 棵树视为一个分类等级，基于参考数据确定了 11×11 的混合矩阵，如表 5.2 所示，这个混合矩阵中的 κ 系数由 Wu 等提出的方法和 VoxTree 方法这两种方法确定。Wu 等提出的方法的 κ 系数为 89%，VoxTree 方法的 κ 系数为 94%，表 5.2 给出了 VoxTree 方法分类结果的具体内容。

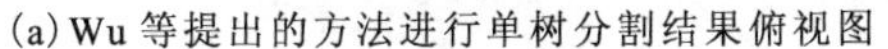

(a) Wu 等提出的方法进行单树分割结果俯视图　　(b) VoxTree 方法进行分割结果俯视图

图 5.16　两种单树分割结果的俯视图

表 5.2　VoxTree 分类方法的详细结果

单木分割		手动分割结果											点云总数
		1	2	3	4	5	6	7	8	9	10	11	
VoxTree方法分割结果	1	84265	7651	6618	153								98687
	2		43318	743		90							44151
	3			52683	2163		26						54872
	4	1388		108	59105			554	922				62077
	5			9		38985	269						39263
	6					101	49730	1243					51074
	7				390		240	54208	47			283	55168
	8							1197	60048			5	61250
	9					3044	105			86840			89989
	10						2697	1851		1684	**11739**	508	18479
	11							1605	699		115	**120593**	123012
点云总数		85653	50969	60161	61811	42220	53067	60658	61716	88524	11854	121389	698022

图 5.17 说明了本书方法 VoxTree 优于 Wu 等提出的方法(Wu et al., 2013)，该图展示了两棵不同高度相连接的树分割结果对应表 5.2 中的粗体数字。如图 5.17(b)所示，VoxTree 的方法只将较大树的树杈中小部分点错误地分配给了较矮的树。从表 5.2 中可以看出，VoxTree 方法错误地将 10 号树(Tree 10)的 115 个点云分配给了 11 号树(Tree 11)，而将 11 号树的 508 个点云分配给了 10 号树；

(a) Wu 等提出的方法单树分割结果

(b) VoxTree 方法分割结果

图 5.17 两种方法的单木分割细节(见彩图)

Wu 等提出的方法，这些数字分别是 196 和 86236。如果用这两种方法进行树冠面积估计，则很明显 VoxTree 的方法会更加准确。图 5.18 将这两种方法计算得出的冠层面积投影到地面上，两种方法的处理结果都近似为半径为 0.8m 的一个凸多边形，分别如图 5.18(a)和图 5.18(b)所示。从图上结果可以看出，这两种方法计算出的 10 号树冠的面积(Area)分别为 $61.90m^2$ 和 $33.01m^2$。11 号树的树冠面积为 $77.38m^2$ 和 $100.62m^2$。

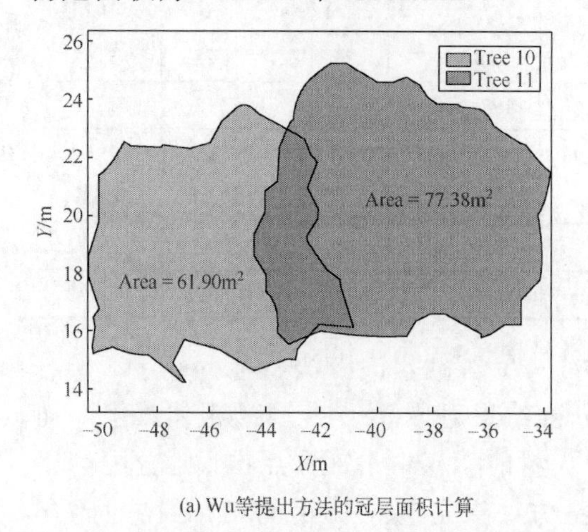

(a) Wu等提出方法的冠层面积计算

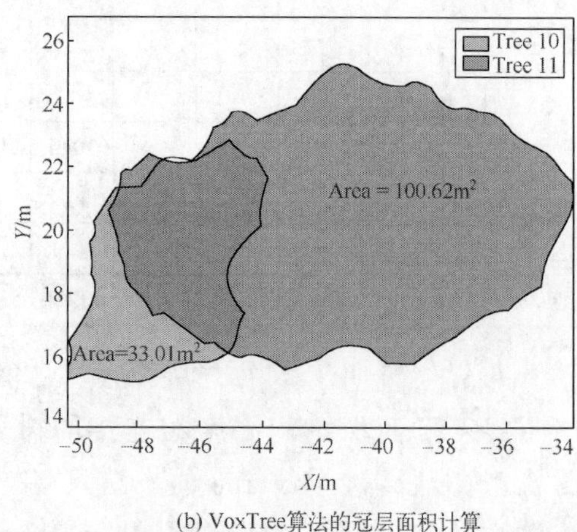

(b) VoxTree算法的冠层面积计算

图 5.18 10 号树和 11 号点云树冠层面积计算(见彩图)

5.5 本 章 小 结

本章提出了一种基于体素的可拓展单木分割的方法(VoxTree)，该方法首先基于连接性对点云单元进行聚类，然后引入一种新的邻接体素分析方法来分割相互连接的树，这种算法可以在不同的层级上进行修改，因此具有较大的可扩展性。并且通过一系列的试验，验证了所提出的 VoxTree 方法在不同场景下的灵活性和可靠性。

首先，用 ALS、MLS 和 TLS 三种传感器采集相同的三棵树的点云数据，此测试验证了 VoxTree 方法能够处理来自不同平台和不同点密度的点云。为了验证方法在不同体素大小下的性能，采用不同大小的体素处理了相同的 MLS 点云，基于四种不同大小的体素对三棵单独的树进行单木分割。接着验证了本方法在处理没有树干点的树木和陡峭地形上树木的能力。然后处理了 63 棵在不同方向上相连的树木，其结果为 66 棵。通过人工检查，误差主要是由点云数据中树干部分欠采样所引起的。最后，使用 Leica C10 扫描仪扫描了另外 11 棵树，并将 VoxTree 算法与现有方法和地面真值进行了比较。结果表明，VoxTree 优于现有算法，并将分离精度 κ 从 89%提高到 94%。

尽管现有的试验已经说明了所提出的 VoxTree 方法的优点和可靠性，但是仍然有一些缺陷。

(1) 该方法的输入只能是树木点，因此需要从原始点云中分割出树木点。

(2) 该方法还需要预设参数，即体素大小尺寸和最小的树冠直径，该方法自动将最大树冠直径设置为最小树冠直径的 5 倍，其中体素大小会影响单木分割结果和计算时间，最小树冠直径将影响种子合并。

(3) 该方法对于具有相近冠层直径的树木效果比较好，当树的大小变化很大时，可能会出现过度或欠分割的情况。

(4) 所提出的算法在森林中以及树木与底层植被相连的情况下的应用尚未得到验证。

建议根据树的高度大小进行分块，作为输入的树木点云，这将产生更可靠的分割结果。由于所提出的方法是基于体素的，体素三维尺寸对应于空间网格大小。由于大多数空间都没有树木点云，因此对体素进行统一的空间重采样会在处理过程中引入内存冗余。

第6章 路边交通设施的自动识别

路边交通设施是道路环境中的关键要素，主要包括路灯、交通标志和交通信号灯等。为了确保道路的正常运行，对路边交通设施的监控和清点尤为重要。移动激光扫描系统能够对道路环境进行高效的信息采集。但直到现在，仍很难实现从点云数据的有效几何形状信息中自动识别路边目标。因此，本章介绍了一种用于路边目标自动识别的算法。该算法设计了一种新型的三维形状特征描述算子 SigVox，用于路边目标的自动识别。在讨论相关工作之前，本章首先介绍了目前路边目标自动识别中存在的问题；接着详细说明了所提出的解决方案；最后利用采集的双向约 4 公里移动激光扫描数据进行试验评估。

6.1 引 言

城市道路为居民提供便利的同时，也带来了巨大的社会经济利益，在现代社会中至关重要(Vanier，2006)。路灯、交通信号灯、交通标志、公交车站标志和广告牌等城市道路交通设施的运行状况需要定期检查存档，以避免磨损、故意破坏或交通事故造成的潜在安全风险(Halfawy，2008)。此外，在智能城市(Nebiker et al.，2010；Batty et al.，2012)、自动驾驶(Li et al.，2004；Schreiber et al.，2013)和智能交通系统(Bishop，2000；Agamennoni et al.，2011；Ivan et al.，2015)等领域对高精度城市地图提出了广泛且迫切的需求。快速高效地更新城市道路元素数据库对确保城市整体的社会效能具有重要意义。目前，路边交通设施的安全检查是通过人工原位检查或半自动解译图像和视频数据进行的(Pu et al.，2011)。这些方法在识别有缺陷的路边交通设施时是有效和实用的，但存在费时费力的问题。因此，这些方法并非是兼顾安全性和经济性的最佳方法。

在过去的几十年中，在摄影测量与遥感技术的基础上，不断涌现出获取城市精确三维信息的新技术(Haala et al.，1999；Ellum et al.，2002；Frueh et al.，2003；Over et al.，2010；Mc Elhinney，2010；Puente，2013a)。在已有的技术中，集成了激光雷达、全球导航卫星系统(GNSS)和惯性导航系统(INS)的移动激光扫描(MLS)系统具有获取密集且高精度点云数据的特点(Vosselman et al.，2010)。MLS 系统能够不间断地采集道路环境信息，并以点云的形式存储被采集对象的几何形状。这些点云数据包含了精确的三维坐标、激光脉冲强度和真彩色等多种信息。近年来，采集的点云数据已广泛应用于多种工程中，例如，三维树木探测和建模(Rutzinger et al., 2010; Zhong et al., 2013; Wu et al., 2013; Lindenbergh，2015)、路面提取(Jaakkola et al., 2008；Mc Elhinney et al., 2010; Pu et al.，2011；Wang et al.，2013；Guan et al.，2014)、路沿识别(Zhou et al.，2012；Yang et al.，2012a，2013b；Kumar et al.，2014)、道路走廊目标分类(Pu et al.，2009b；Puttonen et al.，2011)、变化检测(Qin et al.，2014)和山区道路监测(Wang et al.，2014；Díaz-Vilarino et al.，2016)。特别地，高密度点云数据能够探测和识别道路环境中的目标。树干、路灯和交通灯杆等杆状物可被识别提取(Brenner，2009; Golovinskiy et al., 2009; Lehtomäki et al., 2010; Pu et al., 2011；Yang et al.，2012b；Cabo et al.，2014；Yang et al.，2015)。但仍然缺乏从 MLS 点云数据中自动识别、提取和分组特定类型路边目标的方法。

本章提出了一种利用 MLS 点云数据自动识别城市路边目标的方法。该方法以 MLS 系统获取的原始点云数据为原始数据，首先，沿着 MLS 系统的行进轨迹在道路方向上将点云分块；接着，将每个点云块分割为地面点和非地面点，并以八叉树组织非地面点和邻接体素聚类；然后，对感兴趣目标(如不同类型的路灯和交通标志)构建新提出的三维 SigVox 形状特征描述算子；最后，通过对 SigVox 形状特征描述算子的模板匹配识别聚类点云中的目标。

本研究对现有技术的贡献如下：①引入了一种新型的 3D 多尺度形状特征描述算子，该描述算子易于计算且具有强大的几何形状检测能力；②给出了使用该几何形状特征描述算子来识别不同类型的灯杆和交通标志的工作流程；③展示了如何有效处理海量 MLS 点云数据的策略(如合理的分块策略)。该方法最重要的创新点是首次使用完整感兴趣目标的几何形状特征描述算子来匹配海量点云中的重复目标。

本章的其余部分安排如下。6.2 节中，介绍了目标识别的相关工作；6.3 节中，详细介绍了所提出的新方法；6.4 节中，利用 4 公里的道路环境的 MLS 点云数据演示并验证了新方法；最后，在 6.5 节给出结论。

6.2 相关工作

MLS 系统在对道路目标表面进行高效采样的同时，将测量值记录为密集而精确的点云(Puente et al., 2013a; Barber et al., 2008; Haala et al., 2008; Cahalane et al.，2010)。采集的测量值通常由三维坐标、激光脉冲强度和颜色信息组成，可用于识别路边目标。目前，已提出多种用于目标识别的方法，大致可分为三类：

(1)基于模型拟合的方法(Pu et al.，2011；Rutzinger et al.，2010；Lehtomäki et al.，2010；Brenner，2009；Cabo et al.，2014；Xiao et al.，2016)；

(2)基于语义的方法(Fan et al.，2014；Teo et al.，2015；Yang et al.，2015；Babahajiani et al.，2015a)；

(3)基于形状的方法(Golovinskiy et al.，2009；El-Halawany et al.，2011；Velizhev et al.，2012；Bremer et al.，2013；Yang et al.，2013a；Li，2013；Rodríguez-Cuenca et al.，2015；Yu et al.，2015)。

6.2.1 基于模型拟合的方法

基于模型拟合的目标识别算法通常先对点云进行分割和聚类，然后将分割后的点云拟合到已知的几何模型(如圆柱和平面)中。Brenner 设计了一种从 MLS 系统扫描的点云中提取杆状物的算法。该算法首先假定杆状物的基本特征是直立于水平地面的。因此，激光扫描的杆状物点云数据中存在核心区域内有点云，而核心区域外部则不存在点云(Brenner，2009)。利用圆柱模型拟合分割后的点云，当圆柱模型内的点数达到最小阈值时，认为该块点云为杆状物，最后估计杆状物的精确位置。

2010 年，Lehtomäki 等提出了一种利用 MLS 点云探测道路环境中杆状物的算法。该算法首先将扫描线分段并对点云进行聚类，然后将在水平剖面中紧密连接或重叠的连续相邻点云合并，最后执行圆柱拟合以探测沿道路方向的杆状物。与人工分类数据相比，该方法能够找到 77%的杆状物，准确率为 81%(Lehtomäki et al.，2010)。

2011 年，Pu 等提出了一种从 MLS 点云识别道路元素基本结构的方法。该方法首先将原始点云大致分为地面目标和非地面目标，利用几何属性(如大小、位置、方向、颜色)和目标表面材质来表征和组织每块点云；接着，通过平面模型(如矩形、圆形和三角形)对具有平面特征的连续目标进行拟合，杆状物将被垂直切片，并为其生成一个二维包围矩形；然后，检测相邻切片包围矩形的差值(如位置差和尺寸差)，若差值在设定的阈值内，则将相似切片合并；最后通过判断切片的长度认定该块点云是否为杆状目标(Pu et al.，2011)。这种方法能够识别建筑物的墙壁以及杆状物(如灯杆和树干)。实验结果表明，电线杆和树木识别的准确率分别为 86%和 64%。

2014 年，Cabo 等介绍了一种从 MLS 点云中自动检测道路杆状目标的算法。

该算法没有像上述方法那样直接考虑每个点，而是先将点云简化为体素。然后，分析三维规则体素的每个二维垂直层，并通过隔离准则筛选潜在目标。该隔离准则由两个不同半径的二维环确定。如果在内环和外环之间包含候选体素，则将其视为潜在的杆状物。利用四组点云数据对该算法进行测试，测试结果表明，该算法能够识别所有目标杆状物(严重破损的目标除外)(Cabo et al.，2014)。

2016年，Xiao等在未考虑杆状物的情况下，引入了一种利用可变形的车辆模型从MLS点云数据中检测路边车辆的方法(Xiao et al.，2016)。该方法将原始点云分类为地面、建筑物和道路目标，利用提取道路目标的几何特征拟合出特征明显的汽车模型。该方法的车辆识别准确率可达95%。

6.2.2　基于语义的方法

用于目标识别的语义方法通常基于对象的先验知识定义一组规则，并根据这些规则识别提取目标。2014年，Fan等提出了一种从MLS点云中识别沿城市道路典型目标的方法(Fan et al.，2014)。该方法假设人造目标具有规则的几何形状，而植被具有复杂的几何形状；不同城市人造目标在点云表征中高于地面。根据上述规则，该方法将MLS点云在垂直高度上分为三层。在每一层，地面上人造目标的种子可由线滤波器提取。根据那些在检测中发现的特定目标的种子点进行进一步分类。最后，利用基于分类的种子点来检索属于各个目标类的点云。该方法对人造目标的提取具有83%的识别率。

2015年，Teo等提出了与Cabo(Cabo et al.，2014)类似的从MLS点云中探测杆状物的方法(Teo et al.，2015)。在移除建筑物侧面点后，利用体素对点云进行重采样，以实现点云的粗分割。然后，基于点间距对点云进行细分割，从而实现重叠目标的分离。最后，基于一系列预定义的规则，以分层的方式探测杆状物。利用两组点云数据对该方法进行测试，结果表明，两组测试数据的杆状物探测正确率分别为97.8%和96.3%。然而，该方法无法分类不同类型的杆状物。

2015年，Babahajiani等提出了一种在城市街道环境的三维点云中识别目标的方法(Babahajiani et al.，2015a)。该方法从自动提取地面点开始，利用二值影像探测建筑物立面，并将剩余的点云体素化，进而转为超体素；然后使用增强决策树来训练和分类从体素中提取的局部三维特征；最后，将分类结果输出并用语义分类标记。该方法利用定点的TLS点云和MLS点云进行评估。结果表明，分类的整体精度和单类精度分别约为94%和87%。

Yang 等提出了一种从 MLS 点云中分层自动提取城市目标的方法(Yang et al.，2015)。该方法先将 MLS 点云分为地面点和非地面点；然后基于非地面点生成多尺度超体素，每个超体素的几何特征由主成分分析(principal component analysis，PCA)法确定；最后将多尺度超体素按其几何特性进行分割，并计算分割后各块点云的显著性。此外，针对七种目标(建筑物、电线杆、交通标志、树木、路灯、围栏和汽车)定义了相应的语义规则。利用两组 MLS 点云对该方法进行验证，结果表明该方法的总体典型目标提取精度优于 91%。

6.2.3 基于形状的方法

基于形状的方法通过计算 MLS 点云块的显式或隐式形状的特征来识别和分类目标。2011 年，El-Halawany 等提出了一种从 MLS 点云探测路边杆状物的处理流程(El-Halawany et al.，2011)。该算法首先利用 KD 树计算局部邻域的协方差矩阵特征值；然后基于特征值进行点云分割，并通过区域生长提取线目标；最后通过圆柱拟合和特征半径关系评估最终识别结果。

2012 年，Velizhev 等提出了一种基于隐式形状的从 MLS 点云中自动定位和识别三维室外场景目标的方法(Velizhev et al.，2012)。该方法包括两个步骤：①通过提取连通分量确定目标的假设列表；②使用局部描述算子和基于投票的定位方法识别目标。该方法在 MLS 点云上进行了验证，对汽车和灯杆的识别准确率分别为 68%和 72%。

2013 年，Bremer 等提出一种基于特征值和图从 MLS 点云中提取目标的方法(Bremer et al.，2013)。该方法首先在局部邻域内逐点计算协方差矩阵，并导出特征值和特征向量，进而对特征值进行特征化和分类；然后通过连接部件的分割和聚类，将地面和建筑物外墙分开；最后使用 Dijkstra 区域生长法分离出包括树木在内的杆状物。

2015 年，Yu 等提出一种基于成对三维形状上下文的 MLS 点云路灯杆提取算法(Yu et al.，2015)。该方法首先基于一系列垂直于道路方向的轮廓线检测路沿，提取的路沿线将点云分为道路和非道路点云；然后利用体素通过高程差从非道路点云中进一步分割出地面点云，并将非地面点聚类为单个目标的点云块；最后基于点的三维形状上下文(如 Rusu 等(2009)提出的快速点特征直方图(fast point feature histograms，FPFH))匹配兴趣目标。该方法在 MLS 点云上进行了测试，并严格提取路边杆状物，其完整率超过 99%且准确率达到 97%。

Rodríguez-Cuenca 等提出一种基于异常检测算法的从 MLS 和 TLS 点云中自

动检测与分类杆状物的方法。该方法首先提取地面点；然后基于异常检测算法分割垂直目标的点云块；最后将探测到的垂直目标分类为人造杆状物或树木。测试结果表明，感兴趣目标的检出率为96%，分类准确率为95%。

6.3　原理与方法

如图6.1所示，本章所提出的城市路边目标自动识别算法包括以下四个步骤。

(1) 预处理。首先将原始点云沿扫描轨迹进行分块，并将每个点云块分为地面点和非地面点。

(2) 体素化，并构建SigVox描述算子。利用八叉树体素化非地面点，并对邻接体素进行聚类。手动选择感兴趣目标的示例进行训练，并构造SigVox描述算子以形成模板列表。

(3) 模板匹配。判断每个体素簇中的点云是否为所选感兴趣目标的候选目标。如果是，则构建其SigVox描述算子并计算其与不同训练目标的相似性。然后根据相似性将聚类点云簇指定为匹配训练目标的那一类。

(4) 结果验证。利用地面真实数据分析识别结果，验证有效性并确定算法的识别准确性。

6.3.1　预处理

如图6.1所示，预处理包括两部分，即原始点云分块以及地面点与非地面点的分离。由于MLS点云数据集一次扫描的数据量太大，无法在普通台式计算机上处理，原始点云需划分为适当大小的点云块。此外，本书研究的重点是非地面目标，而不是地面点。因此，将点云数据块进一步细分为地面点和非地面点。

在本项工作中，用于划分原始MLS点云的扫描轨迹数据是由MLS系统中定姿定位系统获得的，该数据由一组高频三维坐标信息组成。原始的MLS点云沿着扫描轨迹分块。

图6.2为由MLS系统获取的原始点云的分块示意图。图中，红线是MLS系统的轨迹最佳平滑估计曲线(smoothed best estimated trajectory，SBET)的一段，紫色箭头指示扫描方向。图中，生成了三个图块并指明了重叠区域。分块时三维轨迹数据将被投影到水平面上。对于每个图块，沿扫描轨迹的长度(图6.2中沿SBET的起点至终点的距离)和跨轨迹的宽度都是灵活设置的。

图 6.3 是图 6.2 中二维多边形的放大图。点 P_1,P_2,P_3 是 SBET 中的点，d 是多边形在整个轨迹方向上的宽度。每个图块的二维边界是通过累积分辨率为 k 的多边形获得的。在第一多边 $L_1R_1R_2L_2$ 中，边线 L_2R_2 垂直于线段 P_1P_2。以此类推，可获得第二多边形 $L_2R_2R_3L_3$ 的边线 L_3R_3。所有邻接二维多边形构成了点云块 1 的边界。最后，所有投影在图块内的点都将作为该图块的输出。

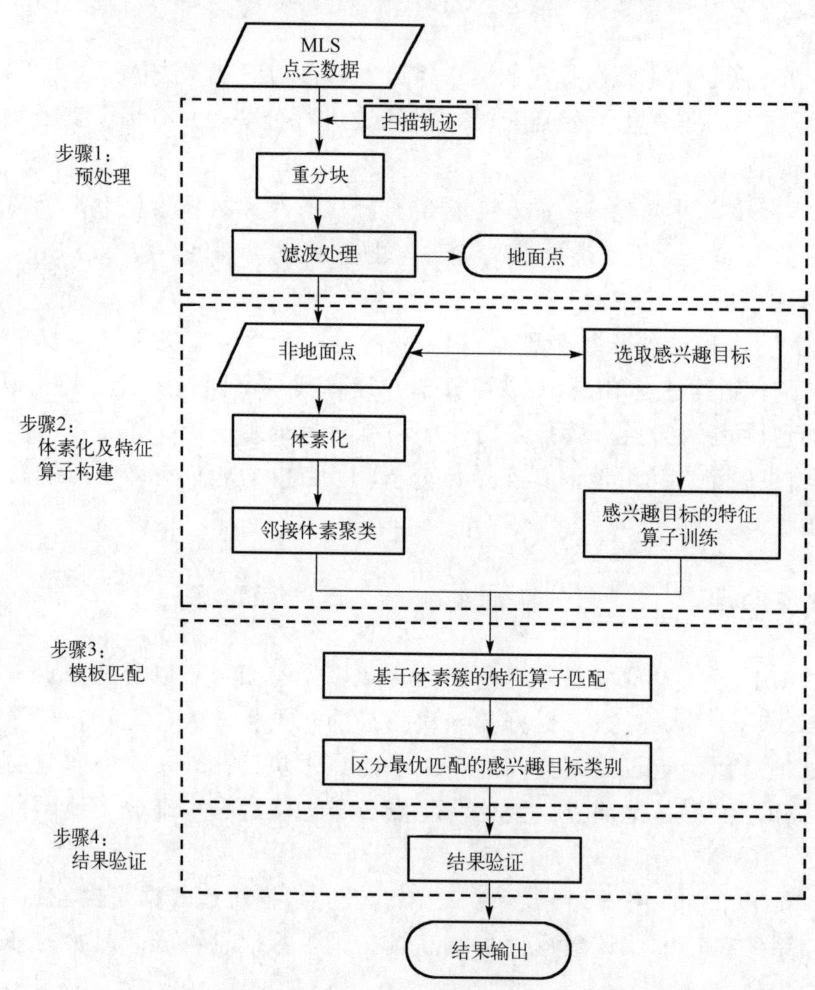

图 6.1　基于 SigVox 特征的感兴趣目标提取流程图

预处理后的下一步是确定点云块中的非地面点。本书中使用 Pfeifer 提出的算法(Pfeifer，2001)提取非地面点，被提取出的非地面点将用于下一步的处理中。同时，为了样本训练，不同兴趣目标(如路灯杆和交通标志)的点云将被独立存储。

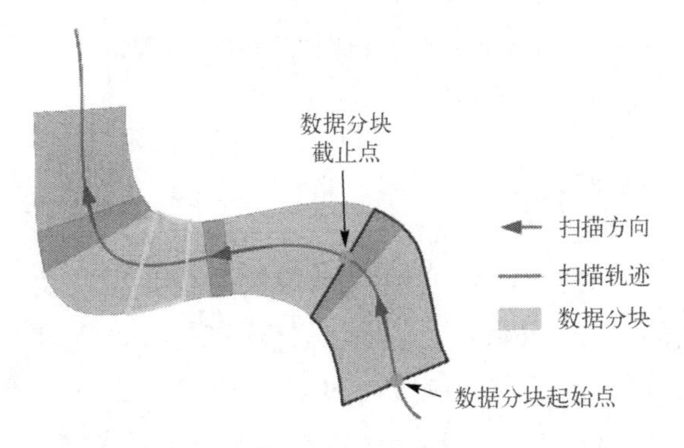

图 6.2　沿道路走向对原始 MLS 点云数据进行分块(见彩图)

不同的颜色表示不同的图块

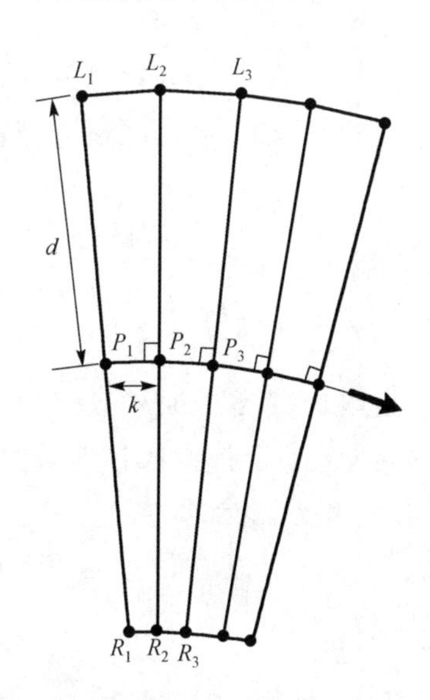

图 6.3　沿扫描轨迹的图块多边形的几何形状

P_i 表示给定的轨迹点，L_i 和 R_i 是基于宽度参数 d 定义的图块边界点

6.3.2　体素化

仅对非地面点进行体素化。在此步骤中，将非地面点重采样为由八叉树组织的体素。接下来将邻接的体素聚类。

八叉树数据结构是 Klinger 把二维平面中的四叉树数据结构扩展到三维的数据结构(Allen，1971)。八叉树数据结构将树节点的每个分支与三维笛卡儿节点相连，该三维笛卡儿节点即为体素。每个树节点可以递归细分为 8 个分支，此数据结构通过建立一组查找表来实现高效的邻域搜索。本书借鉴了 Payeur 提出的邻域搜索策略(Payeur，2006)。

6.3.3 聚类和选择候选聚类

对于非地面点的体素化，将非地面点图块的边界框视为八叉树结构的根节点。根节点将递归细分，到满足预设的细分标准为止。基于 Yu 等提出的三维种子填充算法对邻接体素进行聚类(Yu et al.，2010)，将每个体素聚类内的点存储为点云聚类，并用 C_i 表示，$i=1,2,\cdots,k$， k 表示点云聚类的数目。

获取每个点云聚类 C_i 的三维包围盒，即 $B(C_i)$，并将其与所选训练目标 T_j ($j=1,2,\cdots,h$， h 为兴趣训练目标的数目)的三维包围盒 $B(T_j)$ 进行比较。如果第 j 个点云聚类的三维包围盒与训练目标的三维包围盒的相对距离很小，则将该点云聚类视为第 j 个目标的候选目标。两个三维包围盒之间的相对距离 $D_{i,j}$ 由式(6.1)计算得到。

$$D_{i,j}=\sqrt{\frac{\left|B(C_i)-B(T_j)\right|}{\left|B(T_j)\right|}}\quad (i=1,2,\cdots,k;j=1,2,\cdots,h) \tag{6.1}$$

式中，$B(C_i)$ 和 $B(T_j)$ 分别是候选聚类和训练目标的三维包围盒。假设有 k 个候选聚类和 h 个训练聚类。当 $D_{i,j}$ 小于预设阈值时，则将点云聚类视为第 j 个训练目标 $C(T_j)$ 的候选聚类。由于路边目标的方向可能会发生变化，边界框的方向也会发生变化。因此，此处用于筛选候选目标的阈值必须足够大以避免遗漏。

6.3.4 构建 SigVox 描述算子

在本节中，给出了确定体素尺寸的方法。并介绍了本书提出的三维 SigVox 描述算子的定义和构造 SigVox 描述算子的方法。

1. 维度分析

在 6.3.2 节中，非地面目标被聚类为体素簇。接着由 PCA 法确定每个体素聚类的维度。体素维度确定如下：设 $p_i=(x_i,y_i,z_i)^{\mathrm{T}}$ 为体素内一点 p_i 的三维坐标，则体素内所有点 p_i 的重心由式(6.2)得到。

$$\overline{p}=\frac{1}{n}\sum_{i=1}^{n}p_i \tag{6.2}$$

式中，n 是体素内点的个数。邻域内点云的三维结构张量 $\boldsymbol{M}$ 由式(6.3)定义。

$$\boldsymbol{M}=\frac{1}{n}\boldsymbol{Q}^{\mathrm{T}}\boldsymbol{Q} \tag{6.3}$$

式中，$\boldsymbol{Q}=(p_1-\bar{p},p_2-\bar{p},\cdots,p_n-\bar{p})^{\mathrm{T}}$；$\boldsymbol{M}$ 是一个实对称矩阵，可以分解为 $\boldsymbol{M}=\boldsymbol{RIR}^{\mathrm{T}}$，$\boldsymbol{R}$ 是旋转矩阵，$\boldsymbol{I}$ 是对角正定矩阵。$\boldsymbol{I}$ 的元素是矩阵 $\boldsymbol{M}$ 的特征值。三个特征值均为正值，分别由 $\lambda_1,\lambda_2,\lambda_3$ 表示，并按 $\lambda_1>\lambda_2>\lambda_3$ 进行排序，对应的特征向量分别为 $\boldsymbol{v}_1,\boldsymbol{v}_2,\boldsymbol{v}_3$。

本章中将体素单元分为三种类型：线状、面状和散射状。这三种类型定义如下。

(1) 如果对于一个体素的特征值保持 $\lambda_1\gg\lambda_2$，则该体素被定义为线状或一维体素单元。对于线性体素单元，对应于特征值 λ_1 的特征向量 $\boldsymbol{v}_1$ 为有效特征向量，表示体素单元内点的有效方向。

(2) 如果 $\lambda_2\gg\lambda_3$，则将体素单元定义为面状或二维单元。在这种情况下，特征向量 $\boldsymbol{v}_3$ 是有效的特征向量。

(3) 如果 $\lambda_1\approx\lambda_2\approx\lambda_3$，则此体素单元定义为散射状单元。散射状单元没有明显的方向，因此不用考虑。

这里，符号 $\gg$ 表示远大于，通过预设的阈值定义。本章中，将先探测线状，再探测面状。线状和面状的阈值分别由 T_l 和 T_p 表示。此过程后，聚类中的所有体素单元都具有表示其几何维度的几何标记，并且在适用时还具有表示其特征的有效特征值和特征向量。

2. EGI 描述算子

在本节中，将阐述为训练目标和候选体素聚类构建 SigVox 三维描述算子的方法。SigVox 描述算子是受 Horn(1984)提出的 EGI 描述算子的启发。EGI 描述算子由二十面体近似。与 Horn(1984)中的使用半径来计算查询点的局部法线不同，在 6.3.4 节获得的有效特征向量被用于构建 3D EGI 描述算子。近似球体(即正二十面体)用于为其表面指定主要的特征向量，并被定义为体素聚类的特征球。

整个球面近似为一个二十面体。如图 6.4 所示，二十面体相对于直角坐标轴的位置，其由标准位置给出。在图 6.4 中，点 O 是坐标系的原点和二十面体的几何中心。X 轴与二十面体的一个边相交于点 P_m，Y 轴与一个三角面相交于点 Q_m，Z 轴穿过顶点 u，这是一个单位二十面体，它的 12 个顶点到原点 O 的距离均等于 1。

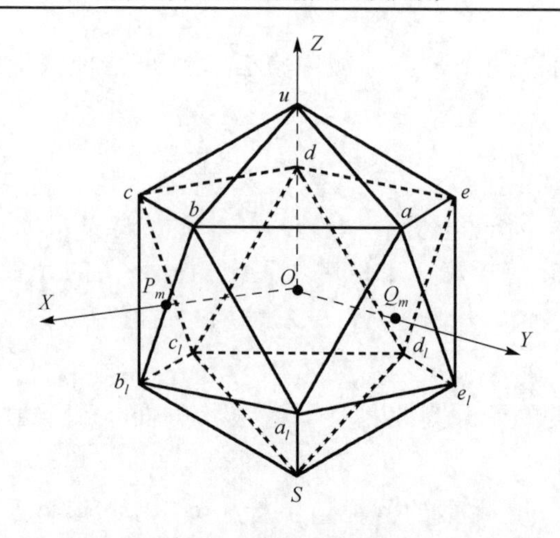

图 6.4　用于构建 EGI 描述算子的单位二十面体

该二十面体提供了一个球体的近似

将聚类中所有体素的有效特征向量分配到二十面体边界三角形中。在图 6.5 中，三角形 *uae* 是图 6.4 中二十面体的 20 个边界三角形之一。向量 $\boldsymbol{v}$ 与三角形 *uae* 相交于 P 点。设三个顶点分别对应向量 $\boldsymbol{v}_u$, $\boldsymbol{v}_a$, $\boldsymbol{v}_e$ ，则式(6.4)中线性组合的系数 k_u, k_a, k_e 必须全部为正值(Preparata et al.，1985)。这用于将有效特征向量分配给正确的三角形。

$$\boldsymbol{v} = k_u \boldsymbol{v}_u + k_a \boldsymbol{v}_a + k_e \boldsymbol{v}_e \tag{6.4}$$

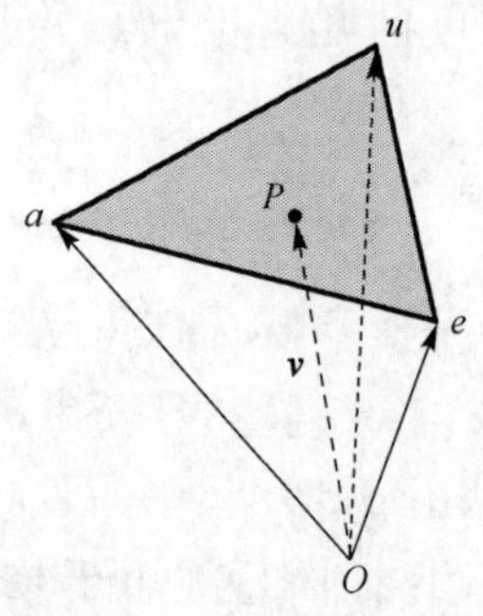

图 6.5　为二十面体的边界三角形 *uae* 分配一个主要特征向量 $\boldsymbol{v}$

实际上，为了确定式(6.4)中的系数，可以将其重写为式(6.5)。

$$\begin{pmatrix} k_u \\ k_a \\ k_e \end{pmatrix} = \left(\boldsymbol{v}_u, \boldsymbol{v}_a, \boldsymbol{v}_e\right)^{-1} \begin{pmatrix} v_x \\ v_y \\ v_z \end{pmatrix} \tag{6.5}$$

式中，$\boldsymbol{v}_n = (x_n, y_n, z_n)^{\mathrm{T}}$ 是顶点 $\boldsymbol{v}_n$ 的坐标，其中 $n \in \{u, a, e\}$ ；而 v_x, v_y, v_z 是向量 $\boldsymbol{v}$ 的坐标。

使用式(6.5)确定与每个特征向量相交的二十面体边界三角形，进而将聚类中所有体素的有效特征向量分配到其特征球来构建候选聚类的三维 EGI 描述算子。这意味着，仅将体素中最大特征值的特征向量分配给线状体素，而对于平面体素，仅分配其法向量。注意，由 PCA 获得的特征向量的方向是不确定的，例如，向量 $\boldsymbol{v}$ 及其对偶向量 $-\boldsymbol{v}$ 均有效。本书中，出于对称考虑，将向量及其对偶向量都分配到特征球上。

对于分配给特定三角形的每个有效特征向量，将存储权重值 W^k，以指示其在聚类中所包含点的百分比。利用式(6.6)计算出对第 i 个三角形有贡献的体素的权重 W^k。

$$W^k = \frac{N_k}{N} \tag{6.6}$$

式中，N_k 是所涉及体素中的点数，而 N 是聚类中点的总数。

增加权重的目的是避免在 6.3.4 节中确定几何维度时存在歧义。使用八叉树将目标聚类进行分割存在根据目标特定方向将目标过度分割的任意性。例如，仅包含一个平面边界的体素将显示为线性。这样的体素将导致整体上的歧义。权重将考虑体素中的点数，旨在减少描述时的歧义。

3. SigVox 描述算子

提出了一种基于特征向量的多层体素形状特征描述算子 SigVox。SigVox 是基于每个候选聚类簇由八叉树递归分割构造的。在每个划分级别，如第 6.3.4 节中所述，计算每个体素单元的几何维度特征及其主要特征向量。

图 6.6(a)描述了感兴趣的典型路灯。图 6.6(b)是灯杆的点云及其原始八叉树体素，它也是八叉树的根节点。

(a) 典型的路灯

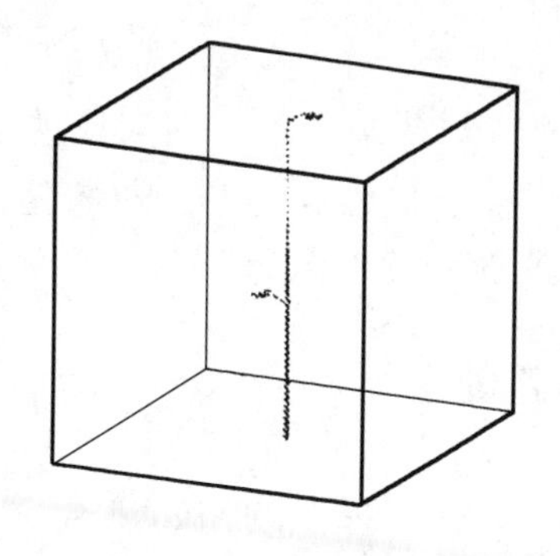

(b) 灯杆的点云及其原始八叉树根节点

图 6.6 路灯杆及其点云

图 6.7 展示了路灯杆的递归划分，该划分由四个级别的八叉树及相应特征球组成。在每个子图中，左图表示聚类的划分，而右图是由特征球表示的相应的 EGI 描述算子。在子图中，线状、面状和散射状体素分别用红色、绿色和蓝色表示。根据主要特征向量的数量，对每个划分级别的二十面体的边界三角形进行着色。四个划分级别的体素数量分别为 6、10、18 和 36，有效体素的数量分别为 5、8、16 和 33。例如，在图 6.7(b)中，划分级别为 2，有 10 个体素，两个蓝色体素是散射状体素，N_{vec} 为显著性体素个数。因此，存在 10−2=8 个显著性体素，其特征向量被分配给二十面体的三个红色和绿色三角形。

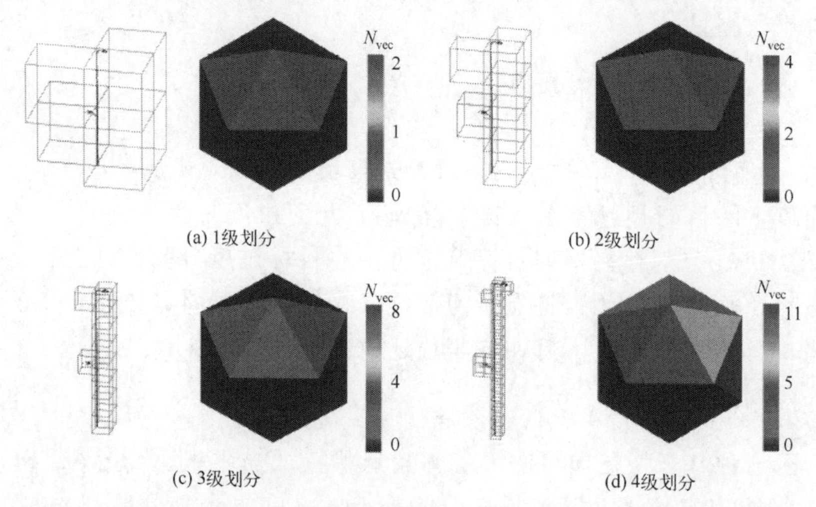

图 6.7 通过八叉树和相应特征球将灯杆递归划分为四个级别(见彩图)
在不同的细分区域中，红色、绿色和蓝色八分框分别表示线状、面状和散射状体素

对于每个候选点云聚类，将其 SigVox 定义为在不同划分级别上基于 EGI 的主要特征向量的有序序列，如式(6.7)所示。

$$\mathrm{SigVox} = \{E_1, E_2, \cdots, E_n\} \tag{6.7}$$

式中，$E_1, E_2, \cdots, E_n$ 分别是级别 $1, 2, \cdots, n$ 对应的 EGI 描述算子。

在这项工作中，每个候选点云与其对应的模板之间的相似性将通过比较其 SigVox 描述算子之间的距离是否达到预设级别来确定。

6.3.5 描述算子匹配

本节首先介绍两个点云聚类的 SigVox 描述算子之间的距离；然后描述了用于评估两个 EGI 描述算子相似性(即固定尺度相似性)的转换方法；最后阐述了针对感兴趣目标识别的策略和方法。

1. SigVox 描述算子距离

候选聚类与模板聚类的 SigVox 描述算子之间的距离是通过累加每个递归划分级别上对应 EGI 三角形上所分配的矢量及其权重之差来确定的。二十面体总共有 60 种对称变换(Conway el al.，2008)。由于有效向量及其对偶向量都分配给二十面体的表面，因此实际上只需考虑 30 种对称性。

设候选聚类点云簇为 P_c，模板聚类点云簇为 P_t，E_c^l 为候选聚类点云簇在 l 层的 EGI 描述算子，E_p^l 为模板聚类点云簇在 l 层的 EGI 描述算子。式(6.8)定义了它们在 l 级的相似性。

$$
\begin{aligned}
S_l^{c,t} &= \min\{\hat{S}_l^{c,t}\}_j (j=1,2,\cdots,30) \\
&= \min\left\{\sum_{i=1}^{20}(N_{\text{vec},c}^{i,l}W_c^{i,l} - N_{\text{vec},t}^{i,l}W_t^{i,l})^2\right\}_j
\end{aligned}
\tag{6.8}
$$

式中，$S_l^{c,t}$ 表示点云簇 P_c 和感兴趣目标点云簇 P_t 在 l 级划分层的相似性，最终的相似度选取了 30 个相似性中最小的；$N_{\text{vec},c}^{i,l}$ 和 $N_{\text{vec},t}^{i,l}$ 是指目标点云簇及候选点云簇在 l 层中和 EGI 中第 i 个三角形相交的特征向量的个数；$W_c^{i,l}$ 和 $W_t^{i,l}$ 分别是在 l 层中 P_c 及 P_t 的权重。

由点云簇 P_c 和模板点云簇 P_t 组成的一对点云簇之间的多尺度距离即为各细分层的相似性之和，如式(6.9)所示。

$$
S^{c,t} = \sum_{l=1}^{n} S_l^{c,t} \tag{6.9}
$$

式中，$S^{c,t}$ 是候选聚类点云簇 P_c 与模板聚类点云簇 P_t 的 SigVox 描述算子的距离，n 为预设的最大划分级别。

2. 特征球变换

在确定同一划分级别的两个特征球(EigenSphere)描述算子之间的相似性时，即在 6.3.5 节中式(6.8)中的 $\hat{S}_l^{c,t}$，对应于二十面体的 30 种对称性，将候选聚类的特征球变换 30 次，求解算子在每种变换情形下的相似性。转换实现如算法 6.1 中所述。

算法 6.1　两个 l 层细分的 EigenSphere 相互变换相似度求解	
输入：同一细分层的一对 EigenSphere　E_l^c 和 E_l^t	
输出：l 细分层的相似度　$\hat{S}_l^{c,t}$	
1	function　ComputeSimilarity:
2	变换 E_l^c 及 E_l^t 至标准状态

3	for $m=0 \to 5$ do
4	for $n=0 \to 4$ do
5	求得第 $(m \times 5+n)$ 个 $\hat{S}_l^{c,t}$
6	绕 Z 轴旋转 E_l^c $\frac{2\pi}{5}$ 弧度
7	end for
8	$m=m+1$
9	求得 E_l^c 的第 m 个定点的球面坐标 $(1,\theta_m,\phi_m)$
10	绕 Z 轴旋转 E_l^c $(90°-\theta_m)$
11	绕 X 轴旋转 E_l^c ϕ_m
12	end for
13	返回所求得 30 个 $\hat{S}_l^{c,t}$ 中最小的相似度
14	end function

算法 6.1 中，一对特征球 E_l^c 和 E_l^t 作为输入，模板聚类的特征球 E_l^t 保持不变，仅对候选聚类的特征球 E_l^c 进行转换。该算法首先将两个特征球置于标准位置，如图 6.4 所示。注意，当特征球处于标准位置时，顶点 u 在 Z 轴的正方向上。然后，E_l^c 围绕 Z 轴以 $\frac{2\pi}{5}$ 连续旋转 5 次以计算前 5 个 $\hat{S}_l^{c,t}$，旋转方向以右手系准则执行，如图 6.8 所示。当顶点 u 位于北极点时，计算所得的 5 个值对应于 5 种对称情形的特征算子相似度。下一步是在下一个顶点位于北极位置时计算 5 个相似度。将任意顶点转换为北极，如顶点 b。首先计算球坐标，即 $(1,\theta_b,\phi_b)$，如图 6.8 所示。接着，E_l^c 首先绕 Z 轴旋转 $\theta_b'=90°-\theta_b$，然后绕 X 轴旋转 ϕ_b，此时顶点 b 转换为正 Z 轴。当下一个顶点转换为正 Z 轴时，将计算 5 个相似度。该算法一直运行到对应于 30 个对称性的 $\hat{S}_l^{c,t}$ 被确定为止。最后将获得的最小值作为一对 EGI 描述算子的相似度。

一般地，大多感兴趣目标都有其显著几何维度特征。例如，杆状物主要呈线状。对于此类对象，通过 PCA 获取感兴趣目标的局部坐标系，并按第一个特征向量的方向匹配感兴趣目标。这样可以显著减少在相似性确定中要考虑的对称数目。注意，如果目标没有显著的维度特征，则进一步的细化不适用。

3. 目标识别

本节介绍将候选聚类 $\{C^i\}(i=1,2,\cdots,k)$ 匹配到特定目标 $\{T^j\}(j=1,2,\cdots,h)$ 的策略。

首先，按照 6.3.3 节中所述的方法获取特定感兴趣目标 $\{T_j\}$ 的候选点云聚类。

接着，利用八叉树将候选点云聚类$\{C_i\}$划分为多个级别，并构建相应级别的 SigVox 描述算子。然后，计算感兴趣目标与候选点云聚类的 SigVox 描述算子的相似性。

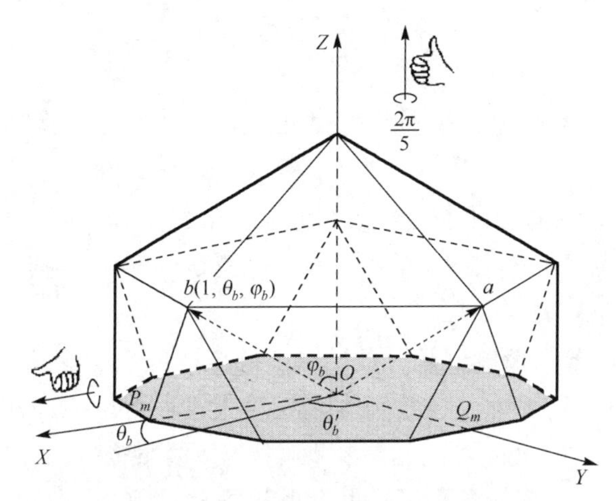

图 6.8　关于 E_l^c 的 E_l^t 的相对转换

图中显示了候选聚类如何通过旋转以匹配训练目标

通过设定相似性阈值判断是否将候选点云聚类准确地匹配到特定的感兴趣目标。如果候选聚类的 SigVox 描述算子与不同训练目标之间的相似度，在式(6.9)中表示为 $S^{c,t}$ 最小，且该相似度低于阈值，则将候选聚类分配给与之相似度最小的感兴趣目标。最后，输出被分类的候选聚类。

6.3.6　相似度评估

有两种质量评估方法用于评估本章提出的目标识别方法。第一种方法通过每对 SigVox 描述算子的相似度匹配来确定相似度值。相似度值表征了目标识别的置信度。第二种方法是利用真实数据对识别结果进行检查，并将结果汇总在一个混淆矩阵中，在该矩阵中，将识别结果与真实结果进行比较。

确定所有候选聚类与训练聚类的 SigVox 描述算子的相似度后，计算相似度值。在此过程中，将计算表征目标识别质量的置信度值。

假设一对 SigVox 描述算子有 n 个划分级别，相应地有 n 个阈值。如果在所有 n 个相似度级别中，即 n 对特征球中，小于阈值的算子对为 m，则该候选点云簇将具有相似度值 $F=\dfrac{m}{n}$。例如，设一个点云聚类被八叉树划分为 4 个级别，那么它的 SigVox 描述算子由 4 个 EGI 描述算子组成，每个级别分别一个。比较点云聚类及其模板聚类的 SigVox 描述算子，若其中 3 个小于阈值，则其匹配度为 0.75。

6.4 结果与评估

在本节中，将利用双向 4 公里长的城市道路 MLS 点云数据对本章方法进行测试和验证。

(1)简要介绍了所使用的 MLS 系统及点云数据。

(2)介绍并讨论了每个处理步骤的第一轮测试结果，包括预处理、体素化、聚类和目标识别。

(3)介绍了处理第二轮测试运行的结果。第二轮测试与第一轮测试所用的点云数据均来自同一道路环境，仅仅是数据采集时车辆的行驶方向相反。第二轮测试使用了与第一轮测试相同的处理设置，并对比分析了两轮测试的目标识别结果。

(4)利用人工现场调查结果评估本章所提方法的目标识别精度。

6.4.1 实验数据

测试所使用的点云是由 Fugro 公司的 DRIVE-MAP MLS 系统于 2016 年 3 月 22 日采集获得的(图 6.9)。图 6.9(a)整体显示了 MLS 系统，而图 6.9(b)是传感器的示意图，MLS 系统的参数信息如表 6.1 所示。

(a) MLS 系统的侧视图

(b) 传感器装置图

图 6.9 Fugro 公司的 DRIVE-MAP MLS 系统

MLS系统在城市道路两个方向上采集的点云数据的平均点密度为每平方米 1500 个。两组点云数据的长度均约 4 公里，点数分别为 72165310 和 68228118。MLS 轨迹和第一组点云，如图 6.10 所示。在图 6.10(a)中，红线表示第一次数据采集时 MLS 系统的轨迹。图 6.10(b)表示第一次采集的按高程着色的原始点云。

表 6.1　DRIVE-MAP 移动激光扫描系统的参数信息

名称	参数
激光脉冲频率/Hz	1333000
测距精度/cm	2
最大有效测距距离/m	100
扫描仪	RIEGL VQ-250
视场角/(°)	360
全景相机	Ladybug3

(a) 4公里长的扫描轨迹俯视图

(b) 按高程着色的原始点云俯视图

图 6.10　扫描轨迹和点云俯视图(见彩图)

表 6.2 给出了测试中使用的参数和阈值。其中，在点云分块步骤中有 3 个参数。宽度表示跨越每块点云轨迹的边界距离；长度表示沿轨迹的距离；重叠

表 6.2　用于处理两组点云数据的参数和阈值

参数		数值
点云分块	宽度	20m
	长度	200m
	重叠区	5m
体素化级别		9
维度	线状	10
	面状	20
包围盒阈值		5.0%
SigVox	级别 level	4
	相似度	3.0

区是两块连续点云之间缓冲区的大小。体素化级别给出了八叉树的最大划分级别。维度包括线状和面状，这两种维度的主要方向如 6.3.4 节所述。SigVox 3D 描述算子具有两个参数：级别 level 表示标度数；相似度给出用于评判候选目标与训练目标匹配的阈值距离。

6.4.2 点云预处理

由于原始点云太大而无法在普通台式计算机上处理，并且远离扫描轨迹的点并非本书研究的兴趣区域，因此需要对原始点云进行分块。在分块的过程中，距离扫描轨迹超过 20m 的点将被剔除。每块点云沿扫描轨迹的长度为 200m，相邻点云块之间有 5m 重叠区。点云分块后，紧接着实现地面点与非地面点的分离。点云分块及地面点与非地面点分离的结果如图 6.11 所示。

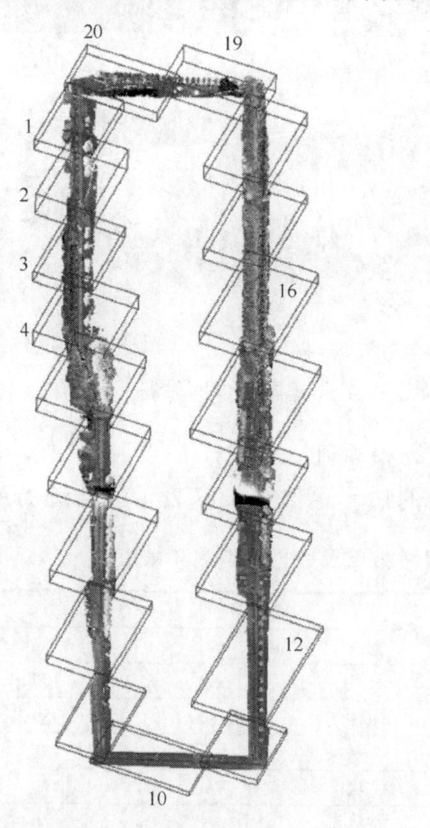

(a) 将点云分为20块小点云(每块点云包含大约400万个点)

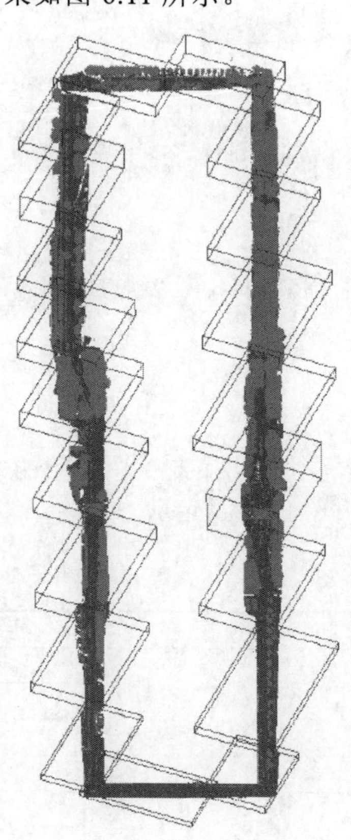
(b) 分离结果

图 6.11 第一组点云数据的分块和非地面点分离结果(见彩图)

地面点用蓝色表示，非地面点用红色表示。点云分块时已将距离扫描轨迹超过 20m 的点剔除

图 6.11(a)显示了 20 个新生成的较小点云块的边界框，每块点云都由唯一的点云块索引标记。图 6.11(b)显示了 20 个点云块的分离结果，其中用蓝色和红色分别表示地面点和非地面点。表 6.3 中，给出了每步预处理后两组点云数据相对应的点数。可以看出，点云分块后第一组点云后还剩下 33339127 点，连续分割后分别得到 18562951 个地面点和 14776176 个非地面点。

表 6.3　每步预处理后的点数

点云	原始数据	分块后数据	地面点	非地面点
第一组测试	72165310	33339127	18562951	14776176
第二组测试	68228118	31060145	16288775	14771370

原始点云预处理后，将非地面点做下一步处理，即对非地面点的体素化和邻接体素聚类。

6.4.3　非地面点的体素化和邻接体素聚类

每块点云块的非地面点均以八叉树数据结构进行组织。本节描述非地面点的体素化和聚类的结果。

如第 6.3.2 节所述，非地面点的体素化在每块点云块中依次进行。本节中，停止划分的标准是最小体素的大小，当体素尺寸小于 10cm 时，八叉树中递归细分终止。体素化后，邻接体素将被聚类。提取同一聚类中体素内的点以形成点云聚类，并获取每个点云聚类的三维包围盒。

图 6.12 显示了图 6.11(a)中点云块 3 中非地面点体素化和聚类的结果。图 6.12(a)显示了按高程着色的非地面点。图 6.12(b)展示了在 9 级八叉树上的划分，对应体素的大小为 39.4cm。图 6.12(c)展示了邻接体素聚类的结果，聚类随机着色。图 6.12(d)展示了每个聚类的三维包围盒。如第 6.3.2 节所述，这些三维包围盒将用于匹配特定感兴趣目标的候选聚类的选择。

(a) 点云块 3 的原始非地面点

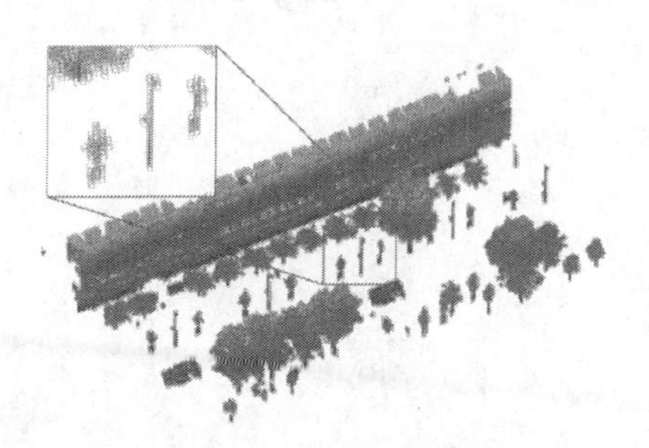

(b) 非地面点的体素化结果

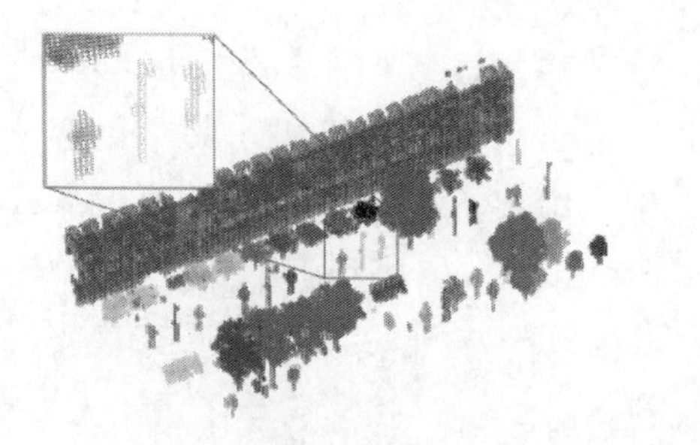

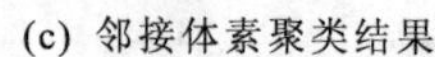

(c) 邻接体素聚类结果

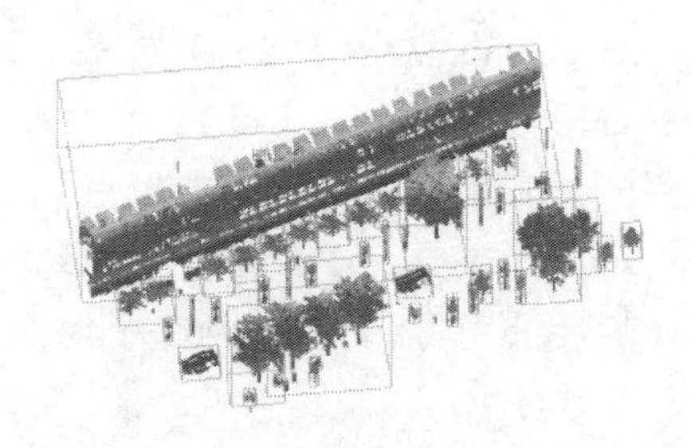

(d) 点元聚类的三维包围盒

图 6.12　非地面点点云块的体素化和聚类的结果(见彩图)

6.4.4　目标识别

本节介绍目标识别的效果。在本节中，选择了 6 种不同的路灯杆(Pole)和 4 种不同的交通标志(Sign)作为研究目标。人工提取与示例目标相对应的点作为模板点云聚类，并用其余点云进行目标识别。图 6.13 展示了选定的目标，图(a)～(f)为所选路灯杆及其点云数据，而图(g)～(j)为所选交通标志及其点云数据。

注意，在当前的研究中，一个感兴趣目标的点云被用于生成一个目标的训练模板。到目前为止，尚不存在标准的针对特定示例感兴趣目标的选择方法。因此，常用的一些选择步骤为：

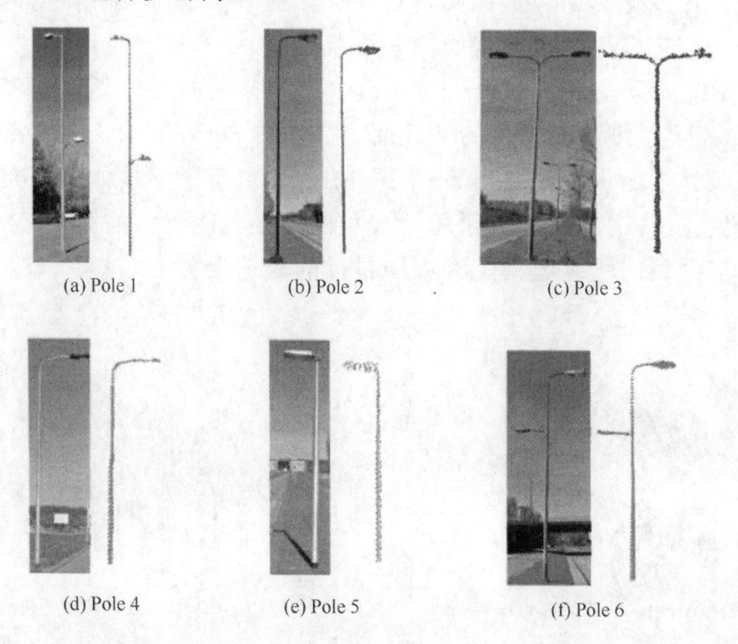

(a) Pole 1　(b) Pole 2　(c) Pole 3

(d) Pole 4　(e) Pole 5　(f) Pole 6

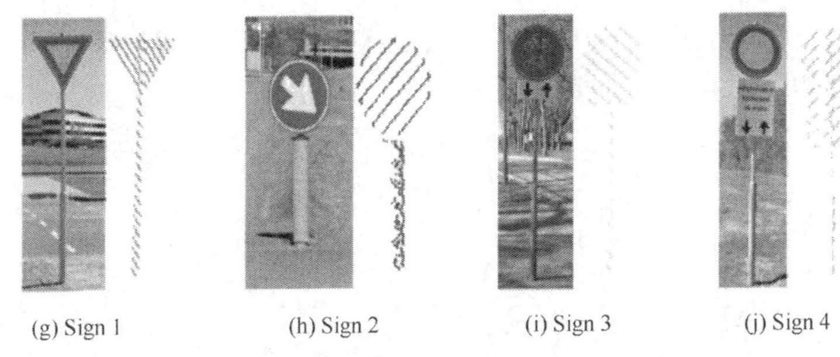

(g) Sign 1　(h) Sign 2　(i) Sign 3　(j) Sign 4

图 6.13　所选感兴趣目标的图像和点云

该图像表明，并非所有目标都能通过 MLS 获取到较为完整的点云数据

(1) 选择一些相同类型感兴趣目标的样本点云数据；

(2) 配准这些样本点云数据，形成目标的平均点云；

(3) 基于生成的平均点云来生成 SigVox 特征模板；

(4) 选择相同类型目标的几个样本，并计算这些样本点云之间的点间距，选择与其他样本的平均点间距最小的点云，以生成用于目标识别的模板。

导入所选感兴趣目标点云聚类后，将获得其三维包围盒，如表 6.4 所示。将每个感兴趣目标的三维包围盒与在 6.4.3 节中获得的体素聚类的包围盒进行比较，用以选择候选目标。本书中，将三维包围盒的相似度 ($D_{i,j}$) 的阈值设置为 5.0%。以图 6.13 中的 Pole 2 和 Pole 4 为例，根据式(6.1)计算得出其包围盒的相对距离为 4.4%。因此测试数据中 Pole 2 类型和 Pole 4 类型的路灯杆将被选为同一类的候选目标。在第一轮测试中，获得了 37 个 Pole 2 类型和 5 个 Pole 4 类型的路灯杆作为 Pole 2 类型的候选目标。

表 6.4　感兴趣目标三维包围盒的几何维度　　(单位：m)

目标	包围盒		
	长度	宽度	高度
Pole 1	1.6	0.4	8.7
Pole 2	1.2	0.8	7.7
Pole 3	3.5	0.5	7.5
Pole 4	1.9	0.5	9.6
Pole 5	0.7	0.3	3.4
Pole 6	3.4	0.4	9.7
Sign 1	0.9	0.1	2.9
Sign 2	0.4	0.2	1.2
Sign 3	0.6	0.2	2.5
Sign 4	0.7	0.2	3.1

接下来，将比较 Pole 2 和 42 个候选目标的 SigVox 三维描述算子。图 6.14 显示了 Pole 2 和 Pole 4 在 4 个级别上的划分及相应的 SigVox 描述算子。确定 Pole 2 训练点云聚类与 42 个候选聚类的 SigVox 描述算子之间的相似距离。

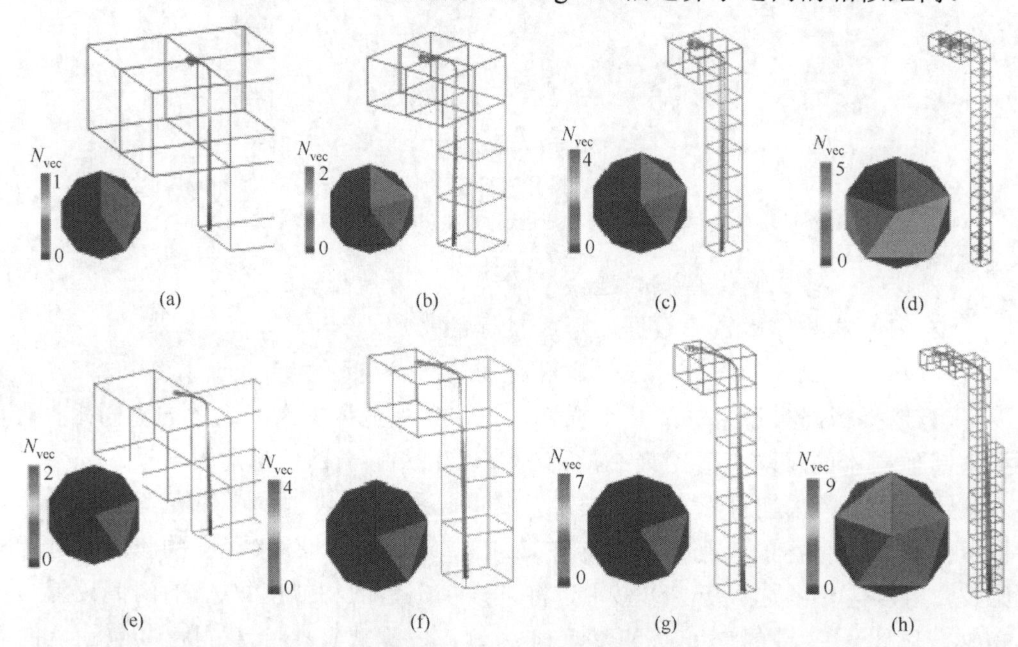

图 6.14 Pole 2 和 Pole 4 的 4 个级别的体素划分和相应的 SigVox 三维特征描述算子(见彩图)
图(a)～(d)是 Pole 2 在 1、2、3 和 4 级的体素划分和 SigVox 特征描述算子；
图(e)～(h)是 Pole 4 在 1、2、3 和 4 级的体素划分和 SigVox 特征描述算子；
体素以红色、绿色和蓝色分别表示每个体素内点的线状、面状和散射状的几何特征

图 6.15 显示了 4 个划分级别中的相似距离，横坐标和纵坐标分别为相似距离和显著性投票的特征体素个数。直方图显示 Pole 2 和 Pole 4 之间的相似距离存在明显差异。这里，相似距离阈值设置为 3.0。因此，只有相似距离小于 3.0 的候选目标才会被分配给 Pole 2 类型。第一组测试时，Pole 2 类型的 37 个候选目标均被正确识别。对所有选定的感兴趣目标执行此过程。

为了更好地可视化，在图 6.16 和图 6.17 中显示目标识别的结果。图 6.16 给出了第一组点云数据北部研究区域的目标识别结果。在图 6.16(a)中，绿色图标表示正确识别的目标，红色图标表示未正确识别的目标。图 6.16(b)中，地面点为浅蓝色，非地面点为灰色。成功识别的目标对应于图 6.13 中的目标类型进行着色。图 6.16(b)中显示了一个具有图 6.13 中 Pole 1 类型的 3 个路灯杆的场景。本章方法仅识别了其中的 2 个，标为黑色的路灯杆被遗漏是因为它过于

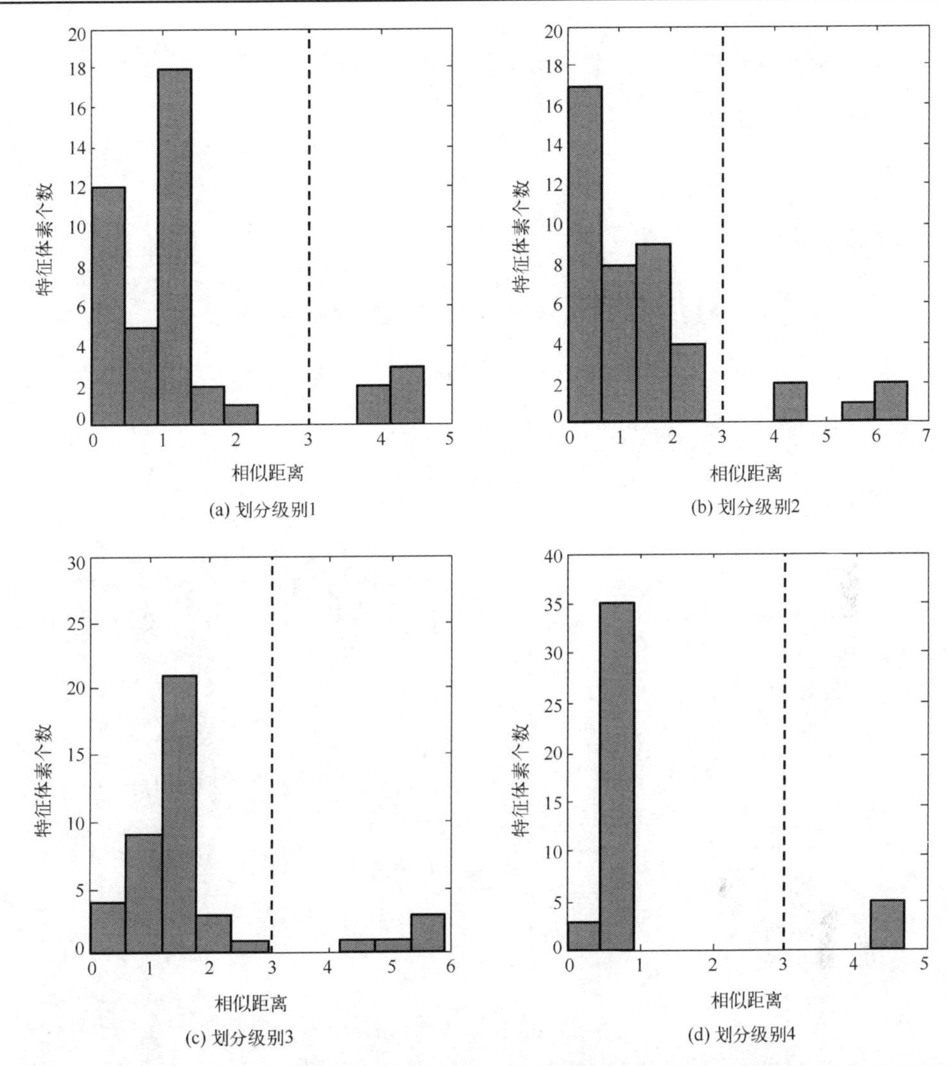

图 6.15　模板 Pole 2 与 42 个候选目标分别在 4 个划分级别上的 SigVox 描述算子的相似距离

每个子图中的虚线表示相似距离的阈值

靠近公交车站。因此，它与公交车站的点云聚类为一类，进而导致该点云聚类的包围盒与训练目标的包围盒相距太远。在图 6.16(b)中可以正确识别出用矩形框突出显示的 2 个图 6.13 中的 Sign 3 和 Sign 4 类型的交通标志。图 6.16(c)显示了一个正确识别 7 个 Pole 1 类型路灯杆以及 4 个 Sign 3 和 Sign 4 类型交通标志的场景。在图 6.16(d)中，实际上有 4 个 Pole 4 类型的路灯杆，其中一个路灯杆被标为黑色，这是由于其与行道树树冠相连。在图 6.16(e)中，正确识别了 4 个 Pole 4 类型的路灯和 5 个 Sign 2 和 Sign 3 类型交通标志。

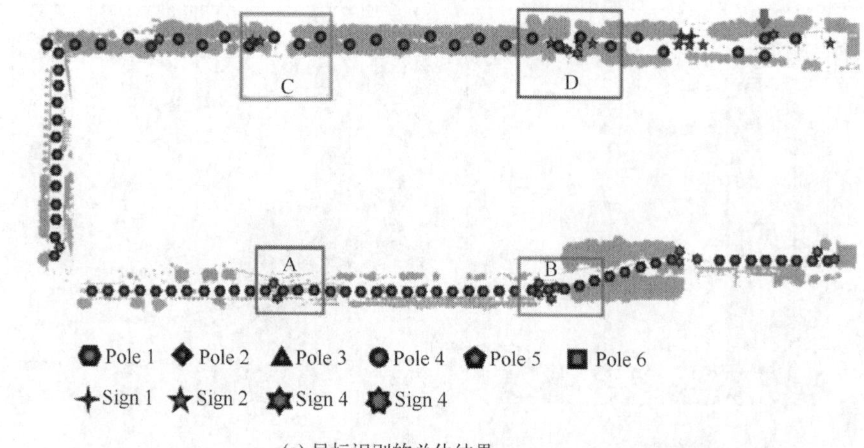

(a) 目标识别的总体结果

(b) 区域A的放大图

(c) 区域B的放大图

(d) 区域C的放大图

(e) 区域D的放大图

图 6.16　研究区域北部的街道物体识别结果(见彩图)

不同的图标表示不同的路灯杆和交通标志类型；图(a)中成功识别的目标以绿色表示，遗漏的目标以红色表示；每种目标类型都有不同的颜色

图 6.17 显示了研究区域南部的识别结果，图 6.17(a)是该区域的俯视图，图 6.17(b)是图 6.17(a)中 E 区的放大图。分别成功识别出 3 个 Pole 4 和 3 个 Pole 5 类型的路灯杆，2 个 Sign 1 类型的交通标志和 1 个 Sign 3 类型的交通标志。

然而有 1 个 Sign 1 类型的交通标志未被识别，因为该交通标志的点云数据采集时被遮挡而导致信息不完整。在图 6.17(c)中，成功识别出 1 个 Pole 3 类型和 1 个 Pole 4 类型的路灯杆，4 个 Sign 3 类型交通标志，1 个 Sign 1 类型的交通标志和 1 个 Sign 2 类型的交通标志。

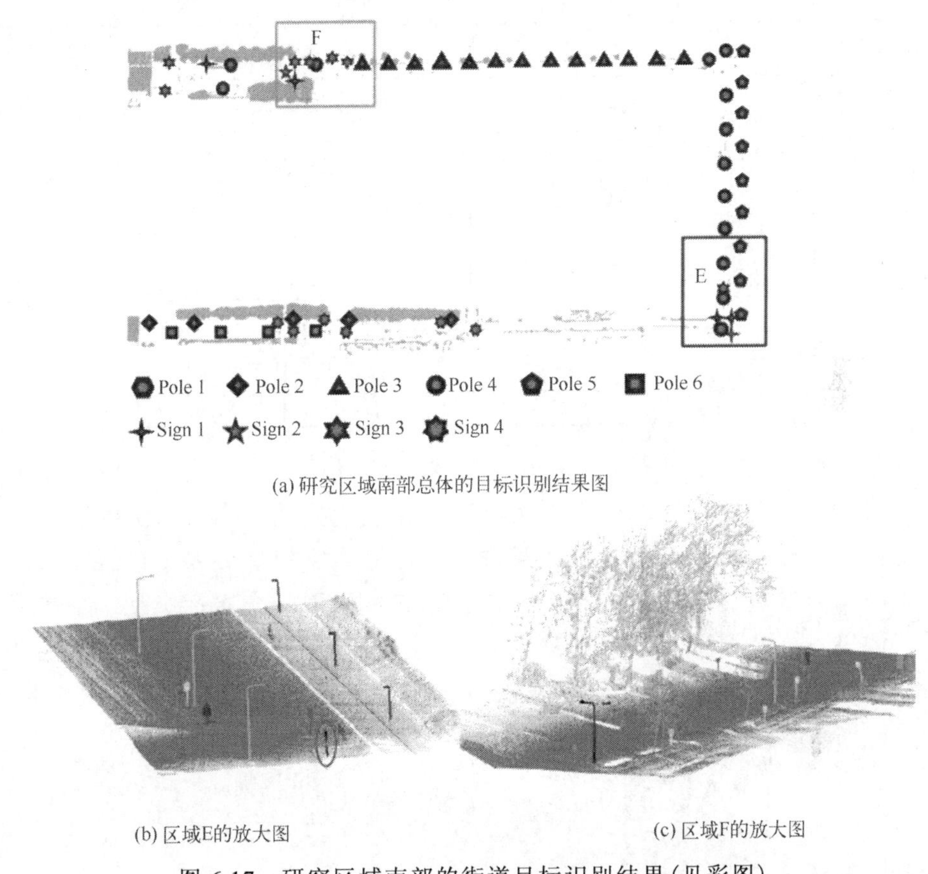

(a) 研究区域南部总体的目标识别结果图

(b) 区域E的放大图

(c) 区域F的放大图

图 6.17　研究区域南部的街道目标识别结果(见彩图)

红色椭圆表示未探测到交通标志

6.4.5　目标识别结果评估

为了验证所提出的道路目标识别方法的可靠性和准确性，以相反的方向采集了同一研究区域的第二组点云数据。该组点云数据与第一组的处理流程一致。现实中路灯杆和交通标志的真实点云数据通过人工现场检查采集。表 6.5 给出了第二组点云目标识别的结果和道路目标的真值。

如表 6.5 所示，两组点云 129 个真实路灯杆中分别正确识别了 123 和 125

个，路灯杆识别准确率分别为 95.3%和 96.9%。两组点云 51 个真实交通标志中分别正确识别了 47 和 48 个，识别准确率分别为 92.1%和 94.1%。两组点云的道路交通设施识别的总体准确率分别为 94.4%和 96.1%。

表 6.5　两组点云数据和现场检查的道路目标识别结果

目标	目标类型	第一组点云数据	第二组点云数据	真实数据	真实数据总计
路灯杆	Pole 1	56	56	58	129
	Pole 2	37	39	41	
	Pole 3	12	12	12	
	Pole 4	5	5	5	
	Pole 5	9	9	9	
	Pole 6	4	4	4	
交通标志	Sign 1	6	5	7	51
	Sign 2	10	9	10	
	Sign 3	15	16	16	
	Sign 4	16	18	18	
目标总计		170	173	180	180

存在少数的在第一组点云中正确识别的路灯杆而在第二组点云中未能正确识别的情况。这主要是因为数据采集时，目标被遮挡或离扫描轨迹的距离过远导致目标的采样不完整，进而导致三维包围盒的大小出现偏差，最终使它们的聚类未被选为候选对象。图 6.17(b)中的 Sign 1 类型的交通标志是一个典型的例子。如果目标几何信息采样完整，即使点密度存在较大差异，仍可被成功识别。这表明本书所提出的方法能够识别出不同点密度采样的路灯杆。图 6.18(a)

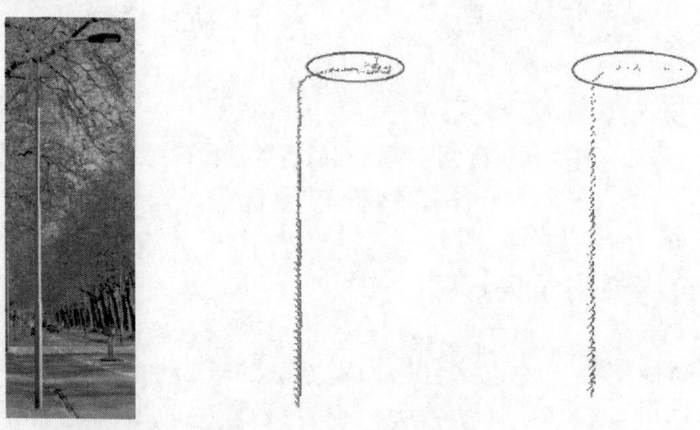

(a)路灯杆的照片　(b)第一组点云的路灯杆　(c)第二组点云的路灯杆

图 6.18　从相反扫描方向获得的两组点云数据中 Pole 4 型路灯杆

第二组点云中路灯杆的采样为 273 点，而在第一组点云中为 954 点，这极大影响了椭圆标记区域中的局部点密度

显示了在图 6.16(a)中的红色箭头指示的路灯杆。由于路灯杆到扫描轨迹的距离不同，采样点密度也不同。图 6.18(b)和图 6.18(c)是从两个相反扫描方向所采样的路灯杆点云，分别由 954 个点和 273 个点组成。如图所示，尽管路灯杆顶部的点密度存在很大差异，但仍能在两组点云中正确识别路灯杆。

如果一个目标离另一个目标太近，则识别可能会失败。例如，图 6.19 显示了路灯杆与行道树点云相连的场景。由于在聚类步骤中路灯杆没有被分离，进而导致其未能被选为候选目标，最后导致未能将其识别。下一步工作应考虑分离明显相连的目标。

(a)路灯杆与行道树相连图

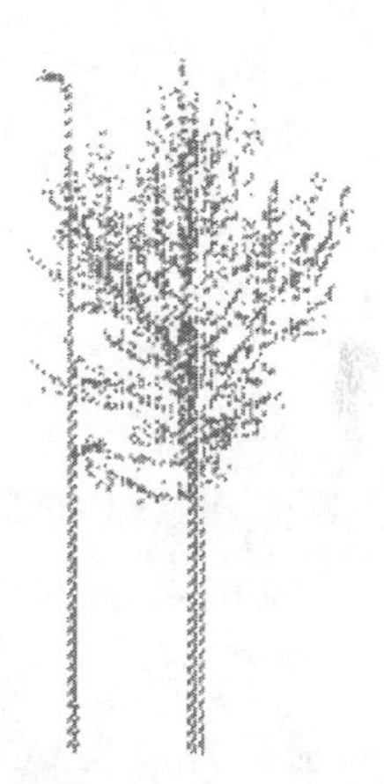

(b)路灯杆与行道树相连的点云图

图 6.19　路灯杆未被识别的情况

因为树和路灯杆距离太近，它们的点云聚集在一起，对形状编码产生了负面影响

6.4.6　方法分析与展望

本节中，首先给出了所用参数的灵敏度分析。然后，讨论了本方法在某些方面的未来工作。

1. 灵敏度分析

表 6.2 给出了本章方法中使用的参数。本节将简要分析参数对结果的影响。

1)体素化级别

体素化级别对应于体素的大小，级别越深，体素的大小越小。设置参数时应考虑到感兴趣目标与周围环境之间的最小距离以及平均点密度。

2) 维度

采用 PCA 方法获得线状和面状特征的阈值决定了体素的维度特征。阈值越小，将有越多的体素将其特征向量贡献给 SigVox 描述算子。最佳阈值的选定还应考虑点云的噪声水平。

3) 包围盒

该参数用于前期剔除那些与训练目标的三维包围盒偏离太远的点云聚类，这可以避免无效点云聚类，进而加快处理速度。但包围盒的缓冲区太小容易导致遗漏。

4) SigVox 描述算子

所需级别数取决于所选感兴趣目标几何形状的复杂性，级别太少会导致鲁棒性问题。相似距离的阈值取决于所考虑目标的相似性，阈值较小可能会导致识别结果的遗漏。

2. 展望

本书方法在某些方面仍需进一步研究或改进。

1) 感兴趣目标分离

如 6.4.4 节中的结果所示，由于目标间过于接近，从而未能成功识别它们。为了提高识别能力，需要进一步改善感兴趣目标的分离。

2) 候选目标选定

通过比较候选点云聚类与感兴趣目标的三维包围盒来选定候选点云聚类。但是，现实中可能会出现路灯杆倾斜的情况，街道交通设施管理部门特别关注这种情况。由于前期处理中需要包围盒的比较，本书方法可能识别不出倾斜的路灯杆。

3) EGI 的近似值

EGI 描述算子由具有 20 个边界三角形的正二十面体近似。如果目标的形状极其复杂，则二十面体可能不足以表征目标的形状。但是，可以通过将三角形进一步细分为四个较小的三角形的方式细分二十面体，直到近似值满足要求。

4) 阈值设置

主要根据实验结果来设置所使用的参数。下一步工作应考虑阈值的自动选定。

6.5 本 章 小 结

本章首先提出并验证了一种自动识别路边目标的方法。该方法主要包括四个步骤，即预处理、体素化与 SigVox 描述算子的构建、模板匹配以及结果验证。该方法在两组由 MLS 系统沿相反方向采集的约 4 公里城市道路点云数据上进行测试。选择了 6 种不同类型的路灯杆和 4 种道路标志作为感兴趣目标，并将这些感兴趣目标的 SigVox 描述算子构造为特征模板。通过计算模板目标与候选点云聚类的 SigVox 描述算子之间的距离来执行目标识别。将两组点云的识别结果与通过现场人工核查获得的街道目标的地面真实数据进行对比。对比结果表明，两组点云的道路交通设施识别的总体准确率分别为 94.4%和 96.1%。

参 考 文 献

Abellán A, Calvet J, Vilaplana J, et al. 2010. Detection and spatial prediction of rockfalls by means of terrestrial laser scanner monitoring. Geomorphology, 119(3/4): 162-171.

Abo-Akel N, Filin S, Doytsher Y. 2009. Reconstruction of complex shape buildings from lidar data using free form surfaces. Photogrammetric Engineering & Remote Sensing, 75(3): 271-280.

Agamennoni G, Nieto J, Nebot E. 2011. Robust inference of principal road paths for intelligent transportation systems. IEEE Transactions on Intelligent Transportation Systems, 12(1): 298-308.

Aijazi A, Checchin P, Trassoudaine L. 2013. Segmentation based classification of 3D urban point clouds: A super-voxel based approach with evaluation. Remote Sensing, 5(4): 1624-1650.

Alho P, Vaaja M, Kukko A, et al. 2011. Mobile laser scanning in fluvial geomorphology: Mapping and change detection of point bars. Zeitschrift für Geomorphologie, 55(2): 31-50.

Allen K. 1971. Patterns and search statistics//Rustagi J S. Optimizing Methods in Statistics. Pittsburgh: Academic Press: 303-337.

Alliez P, Berberich E, Fabri A. 1997. CGAL: The computational geometry algorithms library. http://www.cgal.org/index.html[2016-10-10].

Anonymous. 1957. Review of Geodetic and Mapping Possibilities. Frankfurt: Cooperative Society for Geodesy and Cartography.

Anselin L, Syabri I, Kho Y. 2006, GeoDa: An introduction to spatial data analysis. Geographical Analysis, 38: 5-22.

Aschoff T, Thies M, Spiecker H. 2004. Describing forest stands using terrestrial laser-scanning. International Archives of Photogrammetry, Remote Sensing and Spatial Information Sciences World Congress, Istanbul: 556.

Axelsson P. 2000. DEM generation from laser scanner data using adaptive TIN models. International Archives of Photogrammetry & Remote Sensing, 33: 110-117.

Babahajiani P, Fan L, Gabbouj M. 2015a. Object recognition in 3D point cloud of urban street scene//Jawahar C V, Shan S G. Computer Vision-ACCV 2014 Workshops. Cham: Springer: 177-190.

Babahajiani P, Fan L, Kamarainen J, et al. 2015b. Automated super voxel-based features classification of urban environments by integrating 3D point cloud and image content. Proceedings of the IEEE International Conference on Signal and Image Processing Applications, Kuala Lumpur: 372-377.

Ballard D. 1981. Generalizing the hough transform to detect arbitrary shapes. Pattern Recognition, 13(2): 111-122.

Baltsavias E. 1999. Airborne laser scanning: Basic relations and formulas. ISPRS Journal of Photogrammetry and Remote Sensing, 54(2/3): 199-214.

Barber D, Mills J, Smith-Voysey S. 2008. Geometric validation of a ground-based mobile laser scanning system. ISPRS Journal of Photogrammetry and Remote Sensing, 63(1): 128-141.

Barboza D, Clua E. 2011. GPU-based data structure for a parallel ray tracing illumination algorithm. Brazilian Symposium on Games and Digital Entertainment, Salvador: 11-16.

Batty M, Axhausen K, Giannotti F, et al. 2012. Smart cities of the future. European Physical Journal: Special Topics, 214(1): 481-518.

Belton D, Lichti D. 2006. Classification and segmentation of terrestrial laser scanner point clouds using local variance information. Proceedings of the ISPRS Commission V Symposium: Image Engineering and Vision Metrology, Dresden: 44-49.

Bentley J. 1975. Multidimensional binary search trees used for associative searching. Communications of the ACM, 18(9): 509-517.

Bentley J. 1990. K-d trees for semi-dynamic point sets. Proceedings of the 6th Annual Symposium on Computational Geometry, New York: 187-197.

Beserra R, Ferreira da Silva B, Rocha L, et al. 2013. Efficient 3D object recognition using foveated point clouds. Computers & Graphics, 37(5): 496-508.

Bi H, Ao Z, Zhang Y, et al. 2014. Organization of LiDAR Point Cloud Based on 2D. New York: Springer: 2161-2168.

Bienert A, Queck R, Schmidt A, et al. 2010. Voxel space analysis of terrestrial laser scans in forests for wind field monitoring. International Archives of Photogrammetry Remote Sensing and Spatial Information Sciences, Commission V Symposium, Newcastle: 92-97.

Biosca J, Lerma J. 2008. Unsupervised robust planar segmentation of terrestrial laser scanner point clouds based on fuzzy clustering methods. ISPRS Journal of Photogrammetry and

Remote Sensing, 63(1): 84-98.

Bishop R. 2000. A survey of intelligent vehicle applications worldwide. Proceedings of the IEEE Intelligent Vehicles Symposium, Dearborn: 25-30.

Bitenc M, Lindenbergh R, Khoshelham K, et al. 2011. Evaluation of a Lidar land-based mobile mapping system for monitoring sandy coasts. Remote Sensing, 3(7): 1472-1491.

Boavida J, Oliveira A, Santos B. 2012. Precise long tunnel survey using the Riegl VMX-250 mobile laser scanning system. Riegl International Airborne and Mobile User Conference, Orlando.

Börcs A, Nagy B, Benedek C. 2015. Fast 3-D urban object detection on streaming point clouds. Proceedings of the European Conference on Computer Vision, Zurich: 628-639.

Boulaassal H, Landes T, Grussenmeyer P, et al. 2007. Automatic segmentation of building facades using terrestrial laser data. The International Archives of Photogrammetry and Remote Sensing, XXXVI: 65-70.

Boyko A, Funkhouser T. 2011. Extracting roads from dense point clouds in large scale urban environment. ISPRS Journal of Photogrammetry and Remote Sensing, 66(6): S2-S12.

Bremer M, Schmidtner K, Rutzinger M. 2015. Reconstruction of forest geometries from terrestrial laser scanning point clouds for canopy radiative transfer modelling. Proceedings of the EGU General Assembly Conference Abstracts, Vienna: 11819.

Bremer M, Wichmann V, Rutzinger M. 2013. Eigen value and graph-based object extraction from mobile laser scanning point clouds. ISPRS Annals of the Photogrammetry, Remote Sensing and Spatial Information Sciences, Antalya: 55-60.

Brenner C. 2005. Building reconstruction from images and laser scanning. International Journal of Applied Earth Observation and Geoinformation, 6(3/4): 187-198.

Brenner C. 2009. Extraction of features from mobile laser scanning data for future driver assistance systems//Advances in GIScience. Berlin: Springer: 25-42.

Briese C, Pfeifer N, Dorninger P. 2002. Applications of the robust interpolation for DTM determination. International Archives of Photogrammetry and Remote Sensing, Vienna: 55-61.

Browell E, Center L. 1977. Analysis of laser fluorosensor systems for remote algae detection and quantification. Washington: National Aeronautics and Space Administration. http://www.biodiversitylibrary.org/bibliography/4830.

Brown R. 2014. Building a balanced k-d tree in O(kn log n) time. ArXiv e-prints arXiv: 14110. 5420.

Bucksch A, Lindenbergh R. 2008. CAMPINO-A skeletonization method for point cloud processing. ISPRS Journal of Photogrammetry and Remote Sensing, 63(1): 115-127.

Bufton J. 1989. Laser altimetry measurements from aircraft and spacecraft. Proceedings of the IEEE, 77(3): 463-477.

Cabo C, Ordoñez C, García-Cortés S, et al. 2014. An algorithm for automatic detection of pole-like street furniture objects from mobile laser scanner point clouds. ISPRS Journal of Photogrammetry and Remote Sensing, 87: 47-56.

Cahalane C, McCarthy T, McElhinney C. 2010. Mobile mapping system performance-An initial investigation into the effect of vehicle speed on laser scan lines. Proceedings of Remote Sensing and Photogrammetry Society Annual Conference, Cork: 1-3.

Castillo E. 2013. Point cloud segmentation via constrained nonlinear least squares surface normal estimates. Recent UCLA Computational and Applied Mathematics Reports, New York: 1-6.

Chao Y, Wu T, Wang X, et al. 2015. The computation of Delaunay triangulation of lidar point cloud based on GPU. Proceedings of the 23rd International Conference on Geoinformatics, Wuhan: 1-4.

Chen F, Lu C. 2008. Nearest Neighbor Query, Definition//Shekhar S, Xiong H. Encyclopedia of GIS. Boston: Springer: 782-783.

Chen Q, Gong P, Baldocchi D, et al. 2007. Filtering airborne laser scanning data with morphological methods. Photogrammetric Engineering Remote Sensing, 73(2): 175-185.

Chen Y, Zhang L, Xu H. 2011. Algorithm Research on Delaunay TIN Generation and Real Time Updating. Berlin : Springer: 751-757.

Cheng Z, Zhi T. 2009. The collision detection algorithm based on the combination of two-dimensional and dynamic octree. Proceedings of the International Conference on Environmental Science and Information Application Technology, Wuhan: 1-7.

Chrószcz A, Lukasik P, Lupa M. 2016. Analysis of performance and optimization of point cloud conversion in spatial databases. IOP Conference Series: Earth and Environmental Science, Krakow: 052011.

Cifuentes R, van der Zande D, Farifteh J, et al. 2014. Effects of voxel size and sampling setup on the estimation of forest canopy gap fraction from terrestrial laser scanning data. Agricultural and Forest Meteorology, 194: 230-240.

Clarke G, Ewing G, Lorenzen C. 1970. Spectra of backscattered light from thc sea obtained from aircraft as a measure of chlorophyll concentration. Science, 167(3921): 1119-1121.

Cohen J. 1960. A coefficient of agreement of nominal scales. Educational and Psychological Measurement, 20(1): 37-46.

Conway J, Burgiel H, Goodman-Strauss C. 2008. The Symmetries of Things. Cleveland: CRC Press.

Cormen T, Leiserson C, Rivest R. 2001. Introduction to Algorithms. Cambridge : MIT Press.

Cottone N, Ettl G. 2001. Estimating populations of whitebark pine in Mount Rainier National Park, Washington, using aerial photography. Northwest Science, 75(4): 397-406.

Crassidis J. 2006. Sigma-point Kalman filtering for integrated GPS and inertial navigation. IEEE Transactions on Aerospace and Electronic Systems, 42(2): 750-756.

Cura R, Perret J, Paparoditis N. 2015. Point cloud server (PCS): Point clouds in-base management and processing. ISPRS Annals of Photogrammetry, Remote Sensing and Spatial Information Sciences, II-3/W5: 531-539.

Dassot M, Constant T, Fournier M. 2011. The use of terrestrial LiDAR technology in forest science: Application fields, benefits and challenges. Annals of Forest Science, 68(5): 959-974.

de la Puente P, Rodríguez-Losada D, López R, et al. 2008. Extraction of Geometrical Features in 3D Environments for Service Robotic Applications. Berlin : Springer: 441-450.

Delaunay B. 1934. Sur la sphere vide. Izv. Akad. Nauk SSSR, Otdelenie Matematicheskii Estestvennyka Nauk, 7(793-800): 1-2.

Devllers O, Pion S, Teillaud M. 2002. Waling in a triangulation. International Journal of Foundations of Computer Science, 13(2): 181-199.

Dey T, Li G, Sun J. 2005. Normal estimation for point clouds: A comparison study for a Voronoi based method. Proceedings Eurographics, IEEE VGTC Symposium Point-Based Graphics, New York: 39-46.

Díaz-Vilarino L, González-Jorge H, Martínez-Sánchez J, et al. 2016. Determining the limits of unmanned aerial photogrammetry for the evaluation of road runoff. Measurement, 85: 132-141.

Döllner J, Buchholz H. 2005. Continuous level-of-detail modeling of buildings in 3D city models. Proceedings of the International Workshop on Geographic Information Systems, Bremen: 173.

Douillard B, Underwood J, Kuntz N, et al. 2011. On the segmentation of 3D lidar point clouds. Proceedings of the IEEE International Conference on Robotics & Automation, Shanghai: 2798-2805.

Duncanson L, Cook B, Hurtt G, et al. 2014. An efficient, multi-layered crown delineation algorithm for mapping individual tree structure across multiple ecosystems. Remote Sensing of Environment, 154: 378-386.

El-Halawany S, Lichti D. 2011. Detection of road poles from mobile terrestrial laser scanner point cloud. Proceedings of the IEEE International Workshop on Multi-Platform/Multi-Sensor Remote Sensing and Mapping, Xiamen: 1-6.

Elberink S, Khoshelham K. 2015. Automatic extraction of railroad centerlines from mobile laser scanning data. Remote Sensing, 7(5): 5565-5583.

Ellum C, El-Sheimy N. 2002. Land-based mobile mapping systems. Photogrammetric Engineering and Remote Sensing, 68(1): 15-17.

Elseberg J, Borrmann D, Nuchter A. 2011. Efficient processing of large 3D point clouds. Proceedings of the XXIII International Symposium on Information, Communication and Automation Technologies, Sarajevo: 1-7.

Elseberg J, Borrmann D, Nüchter A. 2013. One billion points in the cloud : An octree for efficient processing of 3D laser scans. ISPRS Journal of Photogrammetry and Remote Sensing, 76: 76-88.

Evans J, Hudak A. 2007. A multiscale curvature algorithm for classifying discrete return LiDAR in forested environments. IEEE Transactions on Geoscience and Remote Sensing, 45(4): 1029-1038.

Fan H, Yao W, Tang L. 2014. Identifying man-made objects along urban road corridors from mobile lidar data. IEEE Geoscience and Remote Sensing Letters, 11(5): 950-954.

Fekete S, Diederichs M, Lato M. 2010. Geotechnical and operational applications for 3-dimensional laser scanning in drill and blast tunnels. Tunnelling and Underground Space Technology, 25(5): 614-628.

Fischler M, Bolles R. 1981. Random sample consensus: A paradigm for model fitting with applications to image analysis and automated cartography. Communications of the ACM, 24(6): 381-395.

Flood M, Guteliue B. 1997. Commercial implications of topographic terrain mapping using scanning airborne laser radar. Photogrammetry Engineering and Remote Sensing, 63: 363-366.

Floriani L, Magillo P. 2009. Triangulated Irregular Network. Boston : Springer : 3178-3179.

Foy S, Deegan C, Mulvihill F, et al. 2007. Road sign safety identification through the use of a mobile survey system. Proceedings of the International Symposium on Mobile Mapping

Technology, Padua.

Frank A. 1992. Spatial concepts, geometric data models, and geometric data structures. Computers and Geosciences, 18(4): 409-417.

Fregonese L, Barbieri G, Biolzi L, et al. 2013. Surveying and monitoring for vulnerability assessment of an ancient building. Sensors, 13(8): 9747-9773.

Fröhlich C, Mettenleiter M. 2004. Terrestrial laser scanning-New perspectives in 3D surveying. Proceedings of the ISPRS Working Group VIII/2: Laser-Scanners for Forest and Landscape Assessment, Freiburg: 7-13.

Frueh C, Zakhor A. 2003. Constructing 3D city models by merging ground-based and airborne views. Proceedings of the IEEE Computer Society Conference on Computer Vision and Pattern Recognition, Madison: II-562-9.

Garvin J, Bufton J, Blair J, et al. 1998. Observations of the Earth's topography from the shuttle laser altimeter (SLA): Laser-pulse echo-recovery measurements of terrestrial surfaces. Physics and Chemistry of the Earth, 23(9/10): 1053-1068.

Gikas V. 2012. Three-dimensional laser scanning for geometry documentation and construction management of highway tunnels during excavation. Sensors, 12(8): 11249-11270.

Gikas V, Daskalakis S. 2008. Determining rail track axis geometry using satellite and geodetic data. Survey Review, 40(310): 392-405.

Gikas V, Stratakos J. 2012. A novel geodetic engineering method for accurate and automated road/railway centerline geometry extraction based on the bearing diagram and fractal behavior. IEEE Transactions on Intelligent Transportation Systems, 13(1): 115-126.

Girardeau-Montaut D. 2003. Cloudcompare-A 3D point cloud processing software. http://www.danielgm.net/cc/[2016-12-09].

Golovinskiy A, Kim V, Funkhouser T. 2009. Shape-based recognition of 3D point clouds in urban environments. Proceedings of the International Conference on Computer Vision, Kyoto: 2154-2161.

Gong J, Zhu Q, Zhong R, et al. 2012. An efficient point cloud management method based on a 3D R-Tree. Photogrammetric Engineering and Remote Sensing, 78(4): 373-381.

Gorte B. 2002. Segmentation of tin-structured surface models. Proceedings Joint International Symposium on Geospatial Theory, Processing and Applications, on CDROM, Ottawa: 5.

Gorte B, Pfeifer N. 2004. Structuring laser-scanned trees using 3D mathematical morphology. International Archives of Photogrammetry and Remote Sensing, 35: 929-933.

Gräfe G. 2008. Kinematic 3D laser scanning for road or railway construction surveys.

Proceedings of the International Conference on Machine Control & Guidance, Zurich: 24-26.

Guan H, Li J, Yu Y, et al. 2015. Automated road information extraction from mobile laser scanning data. IEEE Transactions on Intelligent Transportation Systems, 16(1): 194-205.

Guan H, Li J, Yu Y, et al. 2014. Using mobile laser scanning data for automated extraction of road markings. ISPRS Journal of Photogrammetry and Remote Sensing, 87: 93-107.

Guo L, Chehata N, Mallet C, et al. 2011. Relevance of airborne lidar and multispectral image data for urban scene classification using random forests. ISPRS Journal of Photogrammetry and Remote Sensing, 66(1): 56-66.

Haala N, Brenner C. 1999. Extraction of buildings and trees in urban environments. ISPRS Journal of Photogrammetry and Remote Sensing, 54(2/3): 130-137.

Haala N, Peter M, Kremer J, et al. 2008. Mobile lidar mapping for 3D point cloud collection in urban areas: A performance test. International Archives of Photogrammetry and Remote Sensing, Spatial Information Science, Beijing: 1119-1124.

Haddad N. 2011. From ground surveying to 3D laser scanner: A review of techniques used for spatial documentation of historic sites. Journal of King Saud University-Engineering Sciences, 23(2): 109-118.

Halfawy M. 2008. Integration of municipal infrastructure asset management processes: Challenges and solutions. Journal of Computing in Civil Engineering, 22(3): 216-229.

Hatger C, Brenner C. 2003. Extraction of road geometry parameters from laser scanning and existing databases. International Archives of the Photogrammetry, Remote Sensing and Spatial Information Sciences, 34(3/W13): 225-230.

Henning J, Radtke P. 2006. Detailed stem measurements of standing trees from ground-based scanning lidar. Forest Science, 52(1): 67-80.

Hohenthal J, Alho P, Hyyppa J, et al. 2011. Laser scanning applications in fluvial studies. Progress in Physical Geography, 35: 782-809.

Holmgren J, Persson A. 2004. Identifying species of individual trees using airborne laser scanner. Remote Sensing of Environment, 90(4): 415-423.

Holzer S, Rusu R, Dixon M, et al. 2012. Adaptive neighborhood selection for real-time surface normal estimation from organized point cloud data using integral images. Proceedings of the IEEE International Conference on Intelligent Robots and Systems, Vilamoura: 2684-2689.

Hopkinson C, Chasmer L, Young-Pow C, et al. 2004. Assessing forest metrics with a ground-based scanning lidar. Canadian Journal of Forest Research, 34(3): 573-583.

Horn B. 1984. Extended Gaussian images. Proceedings of the IEEE, 72(12): 1671-1686.

Hornung A, Wurm K, Bennewitz M, et al. 2013. OctoMap: An efficient probabilistic 3D mapping framework based on octrees. Autonomous Robots, 34(3): 189-206.

Hu H, Ding Y, Zhu Q, et al. 2014. An adaptive surface filter for airborne laser scanning point clouds by means of regularization and bending energy. ISPRS Journal of Photogrammetry and Remote Sensing, 92: 98-111.

Hung R, King B, Chen W. 2015. Conceptual issues regarding the development of underground railway laser scanning systems. ISPRS International Journal of Geo-Information, 4(1): 185-198.

Hyyppä J, Hyyppä H, Leckie D, et al. 2008. Review of methods of small-footprint airborne laser scanning for extracting forest inventory data in boreal forests. International Journal of Remote Sensing, 29(5): 1339-1366.

Hyyppä J, Kelle O, Lehikoinen M, et al. 2001. A segmentation-based method to retrieve stem volume estimates from 3-D tree height models produced by laser scanners. IEEE Transactions on Geoscience and Remote Sensing, 39(5): 969-975.

Idrees M, Pradhan B. 2016. A decade of modern cave surveying with terrestrial laser scanning: A review of sensors, method and application development. International Journal of Speleology, 45: 71-88.

Ivan I, Benenson I, Jiang B, et al. 2015. Geoinformatics for Intelligent Transportation. London: Springer International Publishing.

Jaakkola A, Hyyppä J, Hyyppä H, et al. 2008. Retrieval algorithms for road surface modelling using laser-based mobile mapping. Sensors, 8(9): 5238-5249.

Jeong J, Park J, Kim B, et al. 2007. Automatic identification of road sign in mobile mapping system. Proceedings of the International Symposium on Mobile Mapping Technology, Padua.

Jung D, Gupta K. 1997. Octree-based hierarchical distance maps for collision detection. Journal of Robotic Systems, 14(11): 789-806.

Kang X, Liu J, Lin X. 2014. Streaming progressive TIN densification filter for airborne LiDAR point clouds using multi-core architectures. Remote Sensing, 6(8): 7212-7232.

Karolina D, Ian J, James M, et al. 2013. Analysis of full-waveform lidar data for classification of an orange orchard scene. ISPRS Journal of Photogrammetry and Remote Sensing, 82: 63-82.

Kazuhiro A, John S, Edwin S. 2005. Forest road design with soil sediment evaluation using a high-resolution DEM. Journal of Forest Research, 10(6): 471-479.

Kim J, Lee J, Kang I, et al. 2008. Extraction of geometric information on highway using terrestrial laser scanning technology. The International Archives of the Photogrammetry, Remote Sensing and Spatial Information Sciences Congress, Beijing: 539-544.

King A. 1998. Inertial navigation-Forty years of evolution. Geo-Review, 13(3): 140.

Kirkpatrick D, Seidel R. 1983. On the shape of a set of points in the plane. IEEE Transactions on Information Theory, 29(4): 551-559.

Klasing K, Althoff D, Wollherr D, et al. 2009. Comparison of surface normal estimation methods for range sensing applications. Proceedings of the IEEE International Conference on Robotics and Automation, Kobe: 3206-3211.

Kraus K, Pfeifer N. 1998. Determination of terrain models in wooded areas with airborne laser scanner data. ISPRS Journal of Photogrammetry and Remote Sensing, 53(4): 193-203.

Kraus K, Pfeifer N. 2001. Advanced DTM generation from lidar data. International Archives of Photogrammetry Remote Sensing and Spatial Information Sciences, 34(3/W4): 23-30.

Kukko A, Jaakkola A, Lehtomäki M, et al. 2009. Mobile mapping system and computing methods for modelling of road environment. Proceedings of the 2009 Joint Urban Remote Sensing Event, Shanghai: 1-6.

Kukko A, Kaartinen H, Hyyppä J, et al. 2012. Multiplatform mobile laser scanning: Usability and performance. Sensors, 12 (9): 11712-11733.

Kumar P, McElhinney C, Lewis P, et al. 2014. Automated road markings extraction from mobile laser scanning data. International Journal of Applied Earth Observation and Geoinformation, 32: 125-137.

Kwon S, Bosche F, Kim C, et al. 2004. Fitting range data to primitives for rapid local 3D modeling using sparse range point clouds. Automation in Construction, 13: 67-81.

Lahivaara T, Seppanen A, Kaipio J, et al. 2014. Bayesian approach to tree detection based on airborne laser scanning data. IEEE Transactions on Geoscience and Remote Sensing, 52(5): 2690-2699.

Lalonde J, Vandapel N, Hebert M. 2007. Data structures for efficient dynamic processing in 3-d. The International Journal of Robotics Research, 26(8): 777-796.

Lastra M, Revelles J. 2000. An efficient parametric algorithm for octree traversal. Journal of WSCG, 8(2): 212-219.

Lee H, Younan N. 2003. DTM extraction of lidar returns via adaptive processing. IEEE

Transactions on Geoscience and Remote Sensing, 41(9): 2063-2069.

Lee H. 2009. Marching-cube-and-octree-based level-of-detail modelling of 3D objects. International Journal of Modelling and Simulation, 29(2): 121-126.

Lehtomäki M, Jaakkola A, Hyyppä J, et al. 2010. Detection of vertical pole-like objects in a road environment using vehicle-based laser scanning data. Remote Sensing, 2(3): 641-664.

Levinson J, Askeland J, Becker J, et al. 2011. Towards fully autonomous driving: Systems and algorithms. Proceedings of the IEEE Intelligent Vehicles Symposium, Baden-Baden: 163-168.

Li B, Schnabel R, Klein R, et al. 2010a. Robust normal estimation for point clouds with sharp features. Computers and Graphics (Pergamon), 34(2): 94-106.

Li F, Tang R, Liu C, et al. 2010b. A method for object reconstruction based on point-cloud data via 3D scanning. Proceedings of the International Conference on Audio, Language and Image Processing, Shanghai: 302-306.

Li Q, Zheng N, Cheng H. 2004. Springrobot: A prototype autonomous vehicle and its algorithms for lane detection. IEEE Transactions on Intelligent Transportation Systems, 5(4): 300-308.

Li D, Oude Elberink S. 2013a. Optimizing detection of road furniture (pole-like object) in mobile laser scanner data. ISPRS Annals of the Photogrammetry, Remote Sensing and Spatial Information Sciences, II-5/W2, ISPRS Workshop Laser Scanning, Antalya: 55-60.

Li W, Guo Q, Jakubowski M, et al. 2012. A new method for segmenting individual trees from the lidar point cloud. Photogrammetric Engineering & Remote Sensing, 78(1): 75-84.

Li Y, Wu H, Xu H, et al. 2013b. A gradient-constrained morphological filtering algorithm for airborne lidar. Optics and Laser Technology, 54: 288-296.

Liang X, Hyyppä J. 2013. Automatic stem mapping by merging several terrestrial laser scans at the feature and decision levels. Sensors, 13: 1614-1634.

Liang X, Kukko A, Kaartinen H, et al. 2014. Possibilities of a personal laser scanning system for forest mapping and ecosystem services. Sensors, 14(1): 1228-1248.

Liebowitz J. 2002. A look at NASA Goddard Space Flight Center's knowledge management initiatives. IEEE Software, 19(3): 40-42.

Lin C, Chen J, Su P, et al. 2014. Eigen-feature analysis of weighted covariance matrices for lidar point cloud classification. ISPRS Journal of Photogrammetry and Remote Sensing, 94: 70-79.

Lindberg E, Eysn L, Hollaus M, et al. 2014. Delineation of tree crowns and tree species classification from full-waveform airborne laser scanning data using 3-d ellipsoidal clustering. IEEE Journal of Selected Topics in Applied Earth Observations and Remote Sensing, 7(7): 3174-3181.

Lindenbergh R, Berthold D, Sirmacek B, et al. 2015. Automated large scale parameter extraction of road-side trees sampled by a laser mobile mapping system. The International Archives of Photogrammetry, Remote Sensing and Spatial Information Sciences Geospatial Week, La Grande Motte: 589.

Lindstrom P. 2000. Out-of-core Simplification of Large polygonal models. Proceedings of the 27th International Conference on Computer Graphics and Interactive Techniques, New York: 259-262.

Liu X. 2008. Airborne lidar for DEM generation: Some critical issues. Progress in Physical Geography, 32(1): 31-49.

Liu H, Wang L, Jezek K. 2006. Automated delineation of dry and melt snow zones in Antarctica using active and passive microwave observations from space. IEEE Transactions on Geoscience and Remote Sensing, 44(8): 2152-2163.

Losasso F, Gibou F, Fedkiw R. 2004. Simulating water and smoke with an octree data structure. ACM Transactions on Graphics, 23(3): 457.

Lu X, Guo Q, Li W, et al. 2014. A bottom-up approach to segment individual deciduous trees using leaf-off lidar point cloud data. ISPRS Journal of Photogrammetry and Remote Sensing, 94: 1-12.

Luo H, Wang C, Wen C, et al. 2016. Patch-based semantic labeling of road scene using colorized mobile lidar point clouds. IEEE Transactions on Intelligent Transportation Systems, 17(5): 1286-1297.

Ma R. 2005. DEM generation and building detection from lidar data. Photogrammetric Engineering & Remote Sensing, 71(7): 847-854.

Maas H, Vosselman G. 1999. Two algorithms for extracting building models from raw laser altimetry data. ISPRS Journal of Photogrammetry and Remote Sensing, 54(2/3): 153-163.

Major F, Malenfant J, Stewart N. 1989. Distance between objects represented by octrees defined in different coordinate systems. Computers and Graphics, 13(4): 497-503.

Mallet C, Bretar F, Roux M, et al. 2011. Relevance assessment of full-waveform lidar data for urban area classification. ISPRS Journal of Photogrammetry and Remote Sensing, 66: S71-S84.

Mancini A, Frontoni E, Zingaretti P. 2012. Automatic road object extraction from mobile mapping systems. Proceedings of the 8th IEEE/ASME International Conference on Mechatronic and Embedded Systems and Applications, Suzhou: 281-286.

May S, Droeschel D, Holz D, et al. 2008. 3D pose estimation and mapping with time-of-flight cameras. Current, I: 2008.

Mc Elhinney C, Kumar P, Cahalane C, et al. 2010. Initial results from European Road Safety Inspection (EURSI) mobile mapping project. The International Archeves of the Photogrammetry, Remote Sensing and Spatial Information Sciences, Commission V Technical Symposium, Geospatial Week, Newcastle: 440-445.

McDaniel M, Nishihata T, Brooks C, et al. 2012. Terrain classification and identification of tree stems using ground-based LiDAR. Journal of Field Robotics, 29(6): 891-910.

Mcguire M, Mara M. 2014. Efficient GPU screen-space ray tracing. Journal of Computer Graphics Techniques, 3(4): 73-85.

McNeff J. 2002. The global positioning system. IEEE Transactions on Microwave Theory and Techniques, 50(3): 645-652.

Meagher D. 1982. Geometric modeling using octree encoding. Computer Graphics and Image Processing, 19(2): 129-147.

Menenti M, Ritchie J. 1994. Estimation of effective aerodynamic roughness of Walnut Gulch watershed with laser altimeter measurements. Water Resources Research, 30(5): 1329-1337.

Meng X, Currit N, Zhao K. 2010. Ground filtering algorithms for airborne lidar data: A review of critical issues. Remote Sensing, 2(3): 833-860.

Miraliakbari A, Hahn M, Sok S. 2015. Automatic extraction of road surface and curbstone edges from mobile laser scanning data. The International Archives of the Photogrammetry, Remote Sensing and Spatial Information Sciences, Indoor-Outdoor Seamless Modelling, Mapping and Navigation, Tokyo: 119-124.

Mitra N, Nguyen A, Guibas L. 2004. Estimating surface normals in noisy point cloud data. International Journal of Computational Geometry and Applications, 14(4/5): 261-276.

Mongus D, Lukaa N, Alik B. 2014. Ground and building extraction from lidar data based on differential morphological profiles and locally fitted surfaces. ISPRS Journal of Photogrammetry and Remote Sensing, 93: 145-156.

Mongus D, Zalik B. 2012. Parameter-free ground filtering of lidar data for automatic DTM generation. ISPRS Journal of Photogrammetry and Remote Sensing, 67(1): 1-12.

Monserrat O, Crosetto M. 2008. Deformation measurement using terrestrial laser scanning data and least squares 3D surface matching. ISPRS Journal of Photogrammetry and Remote Sensing, 63(1): 142-154.

Morsdorf F, Kötz B, Meier E, et al. 2006. Estimation of LAI and fractional cover from small footprint airborne laser scanning data based on gap fraction. Remote Sensing of Environment, 104(1): 50-61.

Moskal L, Zheng G. 2012. Retrieving forest inventory variables with terrestrial laser scanning (TLS) in urban heterogeneous forest. Remote Sensing, 4(1): 1-20.

Mount D, Arya S. 2010. ANN-A library for approximate nearest neighbor searching. http://www.cs.umd.edu/~mount/ANN/[2016-10-10].

Muja M. 2011. FLANN-Fast library for approximate nearest neighbors. http://www.cs.ubc.ca/research/flann/[2016-10-10].

Muja M, Lowe D. 2014. Nanoflann-A C++ header-only library for nearest neighbor (nn) search with kd-trees. https://github.com/efernandez/nanoflann[2016-10-10].

Nahangi M, Czerniawski T, Rausch C, et al. 2016. Arbitrary 3d object extraction from cluttered laser scans using local features. Proceedings of the 33rd International Symposium on Automation and Robotics in Constructions, Waterloo.

Nebiker S, Bleisch S, Christen M. 2010. Rich point clouds in virtual globes : A new paradigm in city modeling? Computers, Environment and Urban Systems, 34(6): 508-517.

Nelson R, Krabill W, MacLean G. 1984. Determining forest canopy characteristics using airborne laser data. Remote Sensing of Environment, 15(3): 201-212.

Nuechter A, Lingemann K, Borrmann D. 2013. Point cloud library documentation: Down sampling a point cloud using a voxel grid filter. http://pointclouds.org/documentation/tutorials/voxel_grid.php#voxelgrid[2013-05-06].

Nuechter A, Lingemann K, Borrmann D. 2016. 3DTK-The 3d toolkit. http://slam6d. sourceforge.net/index.html[2016-10-10].

O'Callaghan J, Mark D. 1984. The extraction of drainage networks from digital elevation data. Computer Vision, Graphics, and Image Processing, 28(3): 323-344.

Okabe A, Boots B, Sugihara K, et al. 2009. Spatial Tessellations: Concepts and Applications of Voronoi Diagrams. West Sussex: John Wiley & Sons.

Otepka J, Ghuffar S, Waldhauser C, et al. 2013. Georeferenced point clouds: A survey of features and point cloud management. ISPRS International Journal of Geo-Information, 2: 1038-1065.

Over M, Schilling A, Neubauer S, et al. 2010. Generating web-based 3D city models from OpenStreetMap: The current situation in Germany. Computers, Environment and Urban Systems, 34 (6): 496-507.

Palha A, Murtiyoso A, Michelin J, et al. 2017. Open Source First Person View 3D Point Cloud Visualizer for Large Data Sets. Cham : Springer International Publishing : 27-39.

Papadias D, Theodoridis Y. 1997. Spatial relations, minimum bounding rectangles, and spatial data structures. International Journal of Geographic Information Science, 11: 111-138.

Papon J, Abramov A, Schoeler M, et al. 2013. Voxel cloud connectivity segmentation-Supervoxels for point clouds. Proceedings of the IEEE Computer Society Conference on Computer Vision and Pattern Recognition, Portland: 2027-2034.

Paul L. 1989. Constrained delaunay triangulations. Algorithmica, 4 (1/2/3/4) : 97-108.

Pauling F, Bosse M, Zlot R. 2009. Automatic segmentation of 3D laser point clouds by ellipsoidal region growing. Proceedings of the Australasian Conference on Robotics and Automation, Sydney: 11-20.

Payeur P. 2006. A computational technique for free space localization in 3-D multiresolution probabilistic environment models. IEEE Transactions on Instrumentation and Measurement, 55: 1734-1746.

Persson A, Holmgren J, Söderman U. 2002. Detecting and measuring individual trees using an airborne laser scanner. Photogrammetric Engineering & Remote Sensing, 68 (9) : 925-932.

Petitjean S. 2002. A survey of methods for recovering quadrics in triangle meshes. ACM Computing Surveys, 34 (2) : 211-262.

Peucker T, Fowler R, Little J, et al. 1978. The triangulated irregular network. Proceedings of the American Society of Photogrammetry Digital Terrain Models Symposium, St. Louis : 532.

Pfeifer N. 2001. Derivation of digital terrain models in the Scop++ environment. European Organization for Experimental Photogrammetric Research Workshop on Airborne Laser Scanning and Interferometric SAR for Digital Elevation Models, Stockholm: 13.

Poppenga S, Worstell B, Stoker J, et al. 2010. Using selective drainage methods to extract continuous surface flow from 1-meter lidar-derived digital elevation data: 2010-5059. Sioux Falls: Earth Resources Observation and Science Center: 12.

Preparata F, Shamos M. 1985. Computational Geometry: An Introduction. New York: Springer-Verlag.

Pu S, Rutzinger M, Vosselman G, et al. 2011. Recognizing basic structures from mobile laser scanning data for road inventory studies. ISPRS Journal of Photogrammetry and Remote Sensing, 66(6): S28-S39.

Pu S, Vosselman G. 2006. Automatic extraction of building features from terrestrial laser scanning. International Archives of Photogrammetry, 36: 25-27.

Pu S, Vosselman G. 2009a. Knowledge based reconstruction of building models from terrestrial laser scanning data. ISPRS Journal of Photogrammetry and Remote Sensing, 64(6): 575-584.

Pu S, Zhan Q. 2009b. Classification of mobile terrestrial laser point clouds using semantic constraints. SPIE Optical Engineering and Applications, Videometrics, Range Imaging, and Applications X, San Diego: 74470D1-74470D9.

Puente I, González-Jorge H, Martínez-Sánchez J, et al. 2013a. Review of mobile mapping and surveying technologies. Measurement, 46(7): 2127-2145.

Puente I, González-Jorge H, Riveiro B, et al. 2013b. Accuracy verification of the Lynx mobile mapper system. Optics and Laser Technology, 45(1): 578-586.

Puttonen E, Jaakkola A, Litkey P, et al. 2011. Tree classification with fused mobile laser scanning and hyperspectral data. Sensors, 11(5): 5158-5182.

Qin R, Gruen A. 2014. 3D change detection at street level using mobile laser scanning point clouds and terrestrial images. ISPRS Journal of Photogrammetry and Remote Sensing, 90: 23-35.

Rabbani T, Heuvel F. 2005. Efficient hough transform for automatic detection of cylinders in point clouds. ISPRS Workshop on Laser Scanning, 3: 60-65.

Rahman M, Gorte B, Bucksch A. 2009. A new method for individual tree delineation and undergrowth removal from high resolution airborne lidar. Proceedings of the ISPRS Workshop Laserscanning, Paris.

Razak K, Abu Bakar R, Wah Q, et al. 2011. Geodetic laser scanning technique for characterizing landslides along high-risk road zone: Applications and limitations. Proceedings of the FIG Working Week, Marrakech.

Remondino F. 2003. From point cloud to surface: the modeling and visualization problem. International Archives of Photogrammetry, Remote Sensing and Spatial Information Sciences, WG V/6 Workshop "Visualization and Animation of Reality-based 3D Models", Tarasp-Vulpera: 24-28.

Rhayma N, Bressolette P, Breul P, et al. 2013. Reliability analysis of maintenance operations for railway tracks. Reliability Engineering and System Safety, 114(1): 12-25.

Richter R, Discher S, Döllner J. 2015. Out-of-core visualization of classified 3D point clouds// 3D Geoinformation Science: The Selected Papers of the 3D GeoInfo 2014. Cham: Springer: 227-242.

Richter R, Döllner J. 2014. Concepts and techniques for integration, analysis and visualization of massive 3D point clouds. Computers, Environment and Urban Systems, 45: 114-124.

Rodríguez-Cuenca B, García-Cortés S, Ordóñez C, et al. 2015. Automatic detection and classification of pole-like objects in urban point cloud data using an anomaly detection algorithm. Remote Sensing, 7(10): 12680-12703.

Rusu R, Blodow N, Beetz M. 2009. Fast point feature histograms (FPFH) for 3D registration. Proceedings of the IEEE International Conference on Robotics and Automation, Kobe: 3212-3217.

Rusu R. 2010. Semantic 3D object maps for everyday manipulation in human living environments. Künstliche Intelligenz, 24(4): 345-348.

Rusu R, Marton Z, Blodow N, et al. 2008. Towards 3D point cloud-based object maps for household environments. Robotics and Autonomous Systems, 56(11): 927-941.

Rutzinger M, Höfle B, Hollaus M, et al. 2008. Object-based point cloud analysis of full-waveform airborne laser scanning data for urban vegetation classification. Sensors, 8(8): 4505-4528.

Rutzinger M, Pratihast A, Elberink O, et al. 2010. Detection and modelling of 3D trees from mobile laser scanning data. International Archives of the Photogrammetry, Remote Sensing and Spatial Information Sciences, 38(5): 520-525.

Rutzinger M, Pratihast A, Oude Elberink S, et al. 2011. Tree modelling from mobile laser scanning data-sets. Photogrammetric Record, 26(135): 361-372.

Rutzinger M, Rottensteiner F, Pfeifer N. 2009. A comparison of evaluation techniques for building extraction from airborne laser scanning. IEEE Journal of Selected Topics in Applied Earth Observations and Remote Sensing, 2(1): 11-20.

Ryding J, Williams E, Smith M, et al. 2015. Assessing handheld mobile laser scanners for forest surveys. Remote Sensing, 7(1): 1095-1111.

Salvini R, Francioni M, Riccucci S, et al. 2013. Photogrammetry and laser scanning for analyzing slope stability and rock fall runout along the Domodossola-Iselle railway, the Italian Alps. Geomorphology, 185: 110-122.

Samet H. 1995. Spatial data structures//Kim W. Modern Database Systems: The Object Model, Interoperability, and Beyond. New York: Addison-Wesley : 361-385.

Samet H. 2006. Foundations of Multidimensional and Metric Data Structures (The Morgan Kaufmann Series in Computer Graphics and Geometric Modeling). San Francisco : Morgan Kaufmann Publishers Inc.

Sampath R, Biros G. 2010. A parallel geometric multigrid method for finite elements on octree meshes. SIAM Journal on Scientific Computing, 32(3): 1361-1392.

Sankaranarayanan J, Samet H, Varshney A. 2007. A fast all nearest neighbor algorithm for applications involving large point-clouds. Computers and Graphics (Pergamon), 31(2): 157-174.

Schawlow A, Townes C. 1958. Infrared and optical masers. Physical Review, 112(6): 1940-1949.

Scheiblauer C, Wimmer M. 2011. Out-of-core selection and editing of huge point clouds. Computers and Graphics (Pergamon), 35(2): 342-351.

Scheier H, Lougheed J, Tuchker C, et al. 1985. Automated measurements of terrain reflection and height variations using an airborne infrared laser system. International Journal of Remote Sensing, 6(1): 101-113.

Schnabel R, Klein R. 2006. Octree-based point-cloud compression. Eurographics Symposium on Point-Based Graphics, Boston: 111-120.

Schnabel R, Wahl R, Klein R. 2007. Efficient RANSAC for point cloud shape detection. Computer Graphics Forum, 26(2): 214-226.

Schreiber M, Knöpel C, Franke U. 2013. LaneLoc: Lane marking based localization using highly accurate maps. Proceedings of IEEE Intelligent Vehicles Symposium, Gold Coast: 449-454.

Schutz M. 2016. Potree: Rendering large point clouds in web browsers. Vienna : Institute of Computer Graphics and Algorithms, Vienna University of Technology.

Sérgio R, Madeira L, Bastos A, et al. 2005. Automatic traffic signs inventory using a mobile mapping system. Proceedings of the 22nd International Cartographic Conference, A Coruña: 1-13.

Serna A, Marcotegui B. 2013. Urban accessibility diagnosis from mobile laser scanning data. ISPRS Journal of Photogrammetry and Remote Sensing, 84: 23-32.

Shaffer C. 1998. A Practical Introduction to Data Structures and Algorithms Analysis, Java Edition. Upper Saddle River : Prentice-Hall, Inc.

Sirmacek B, Lindenbergh R. 2015. Automatic classification of trees from laser scanning point clouds. ISPRS Annals of Photogrammetry, Remote Sensing and Spatial Information

Sciences, II-3/W5, Geospatial Week, La Grande Motte: 137-144.

Sithole G. 2001. Filtering of laser altimetry data using a slope adaptive filter. International Archives of Photogrammetry and Remote Sensing, Land Surface Mapping and Characterization Using Laser Altimetry, Annapolis: 203-210.

Sithole G, Vosselman G. 2004. Experimental comparison of filter algorithms for bare-Earth extraction from airborne laser scanning point clouds. ISPRS Journal of Photogrammetry and Remote Sensing, 59: 85-101.

Slattery K, Slattery D, Peterson J. 2012. Road construction earthwork volume calculation using three-dimensional laser scanning. Journal of Surveying Engineering, 138(2): 96-99.

Solberg S, Naesset E, Bollandsas O. 2006. Single tree segmentation using airborne laser scanner data in a structurally heterogeneous spruce forest. Photogrammetric Engineering & Remote Sensing, 72(12): 1369-1378.

Soudarissanane S, Lindenbergh R, Menenti M, et al. 2011. Scanning geometry: Influencing factor on the quality of terrestrial laser scanning points. ISPRS Journal of Photogrammetry and Remote Sensing, 66(4): 389-399.

Strom J, Richardson A, Olson E. 2010. Graph-based segmentation for colored 3D laser point clouds. Proceedings of the IEEE/RSJ International Conference on Intelligent Robots and Systems, Intelligent Robots and Systems, Taipei: 2131-2136.

Su Y, Bethel J, Hu S. 2016. Octree-based segmentation for terrestrial lidar point cloud data in industrial applications. ISPRS Journal of Photogrammetry and Remote Sensing, 113: 59-74.

Tang M, Manocha D, Tong R. 2010. MCCD: Multi-core collision detection between deformable models using front-based decomposition. Graphical Models, 72(2): 7-23.

Tang S, Dong P, Buckles B. 2013. Three-dimensional surface reconstruction of tree canopy from lidar point clouds using a region-based level set method. International Journal of Remote Sensing, 34(4): 1373-1385.

Tao C. 2000. Mobile mapping technology for road network data acquisition. Journal of Geospatial Engineering, 2(2): 1-14.

Tarolli P, Calligaro S, Cazorzi F, et al. 2013. Recognition of surface flow processes influenced by roads and trails in mountain areas using high-resolution topography. European Journal of Remote Sensing, 46(1): 176-197.

Tarsha-Kurdi F, Landes T, Grussenmeyer P. 2007. Hough-transform and extended RANSAC algorithms for automatic detection of 3D building roof planes from lidar data.

Proceedings of the ISPRS Geospatial Information Sciences, Espoo: 407-412.

Teo T, Chiu C. 2015. Pole-like road object detection from mobile lidar system using a coarse-to-fine approach. IEEE Journal of Selected Topics in Applied Earth Observations and Remote Sensing, 8(10): 4805-4818.

Teo T, Rau J, Chen L, et al. 2006. Reconstruction of complex buildings using lidar and 2D maps//Abdul-Rahman A, Zlatanova S, Coors V. Innovations in 3D Geo Information Systems. Heidelberg: Springer: 345-354.

Thrun S, Burgard W, Fox D. 2000. A real-time algorithm for mobile robot mapping with applications to multi-robot and 3D mapping. Proceedings of the IEEE International Conference on Robotics and Automation, San Francisco: 321-328.

Thürmer G, Wüthrich C. 1997. Normal computation for discrete surfaces in 3D space. Computer Graphics Forum, 16(3): C15-C26.

Tovari D, Pfeifer N. 2005. Segmentation based robust interpolation-A new approach to laser data filtering. International Archives of Photogrammetry, Remote Sensing and Spatial Information Sciences, Laser Scanning, Enschede: 79-84.

Tse R, Gold C, Kidner D. 2007. Using the delaunay triangulation/voronoi diagram to extract building information from raw lidar data. Proceedings of the 4th International Symposium on Voronoi Diagrams in Science and Engineering, Glamorgan: 222-229.

Turner A. 2007. From axial to road-centre lines: A new representation for space syntax and a new model of route choice for transport network analysis. Environment and Planning B: Planning and Design, 34(3): 539-555.

Ummenhofer B, Brox T. 2013. Point-based 3D reconstruction of thin objects. Proceedings of the IEEE International Conference on Computer Vision, Sydney: 969-976.

Vaaja M, Hyyppä J, Kukko A, et al. 2011. Mapping topography changes and elevation accuracies using a mobile laser scanner. Remote Sensing, 3(3): 587-600.

van der Sande C, Soudarissanane S, Khoshelham K. 2010. Assessment of relative accuracy of AHN-2 laser scanning data using planar features. Sensors, 10(9): 8198.

van Deusen P. 2010. Carbon sequestration potential of forest land: Management for products and bioenergy versus preservation. Biomass and Bioenergy, 34(12): 1689-1694.

van Gosliga R, Lindenbergh R, Pfeifer N. 2006. Deformation analysis of a bored tunnel by means of terrestrial laser scanning. Proceedings of the ISPRS Commission V Symposium on Image Engineering and Vision Metrology, XXXVI, Dresden: 167-172.

Vanier D. 2006. Towards sustainable municipal infrastructure asset management. Handbook on

Urban Sustainability, 12(1): 283-314.

Vaughn N, Moskal L, Turnblom E. 2012. Tree species detection accuracies using discrete point lidar and airborne waveform lidar. Remote Sensing, 4(2): 377-403.

Vega C, Hamrouni A, El Mokhtari S, et al. 2014. PTrees: A point-based approach to forest tree extraction from lidar data. International Journal of Applied Earth Observation and Geoinformation, 33: 98-108.

Velizhev A, Shapovalov R, Schindler K. 2012. Implicit shape models for object detection in 3D point clouds. ISPRS Annals of the Photogrammetry, Remote Sensing and Spatial Information Sciences, XXII ISPRS Congress, Melbourne: 179-184.

Vieira M, Shimada K. 2005. Surface mesh segmentation and smooth surface extraction through region growing. Computer Aided Geometric Design, 22(8): 771-792.

Vo A, Truong-Hong L, Laefer D, et al. 2015. Octree-based region growing for point cloud segmentation. ISPRS Journal of Photogrammetry and Remote Sensing, 104: 88-100.

Vosselman G. 2000. Slope based filtering of laser altimetry data. International Archives of Photogrammetry and Remote Sensing, XIX ISPRS Congress, Amsterdam: 1-8.

Vosselman G, Dijkman S. 2001. 3D building model reconstruction from point clouds and ground plans. International Archives of Photogrammetry and Remote Sensing and Spatial Information Sciences, XXXIV-3/W4, Annapolis: 37-43.

Vosselman G, Gorte B, Sithole G, et al. 2004. Recognising structure in laser scanner point clouds. Information Sciences, 46: 1-6.

Vosselman G, Maas H. 2010. Airborne and Terrestrial Laser Scanning. Boca Raton: CRC Press.

Wald I, Havran V. 2007. On building fast kd-trees for ray tracing, and on doing that in $O(N \log N)$. Proceedings of the IEEE Symposium on Interactive Ray Tracing, Salt Lake City: 61-69.

Wand M, Berner A, Bokeloh M, et al. 2007. Interactive editing of large point clouds. Eurographics Symposium on Point-Based Graphics, Zurich: 37-45.

Wand M, Berner A, Bokeloh M, et al. 2008. Processing and interactive editing of huge point clouds from 3D scanners. Computers and Graphics (Pergamon), 32(2): 204-220.

Wang J, González-Jorge H, Lindenbergh R, et al. 2013. Automatic estimation of excavation volume from laser mobile mapping data for mountain road widening. Remote Sensing, 5(9): 4629-4651.

Wang J, González-Jorge H, Lindenbergh R, et al. 2014. Geometric road runoff estimation from laser mobile mapping data. ISPRS Annals of the Photogrammetry, Remote Sensing and Spatial Information Sciences, Technical Commission V Symposium, Riva del Garda: 385-391 .

Wang J, Lindenbergh R, Shen Y, et al. 2016. Coarse point cloud registration by EGI matching of voxel clusters. ISPRS Annals of the Photogrammetry, Remote Sensing and Spatial Information Sciences, XXIII ISPRS Congress, Prague: 98-103.

Wang M, Tseng Y. 2004. Lidar data segmentation and classification based on octree structure. Parameters, 2(1): 1-6.

Wang W, Wang J, Sun G. 2009. Noise reduction and modeling methods of TLS point cloud based on r-tree. Proceedings of the Joint Urban Remote Sensing Event, Shanghai: 1-5.

Wang Y, Weinacker H, Koch B. 2008. A Lidar point cloud-based procedure for vertical canopy structure analysis and 3D single tree modelling in forest. Sensors, 8: 3938-3951.

Wang Z, Zhang L, Fang T, et al. 2015. A multiscale and hierarchical feature extraction method for terrestrial laser scanning point cloud classification. IEEE Transactions on Geoscience and Remote Sensing, 53(5): 2409-2425.

Weber J, Penn J. 1995. Creation and rendering of realistic trees. Proceedings of the 22nd Annual Conference on Computer Graphics and Interactive Techniques, Los Angeles: 119-128.

Wehr A, Lohr U. 1999. Airborne laser scanning: An introduction and overview. ISPRS Journal of Photogrammetry and Remote Sensing, 54(2/3): 68-82.

White R, Dietterick C, Mastin T, et al. 2010. Forest roads mapped using lidar in steep forested terrain. Remote Sensing, 2(4): 1120-1141.

Winker D, Couch R, Mccormick M. 1996. An overview of LITE: NASA's lidar in-space technology experiment. Proceedings of the IEEE, 84(2): 164-180.

Woo H, Kang E, Wang S, et al. 2002. A new segmentation method for point cloud data. International Journal of Machine Tools and Manufacture, 42(2): 167-178.

Wu B, Yu B, Yue W, et al. 2013. A voxel-based method for automated identification and morphological parameters estimation of individual street trees from mobile laser scanning data. Remote Sensing, 5(2): 584.

Wu H, Guan X, Gong J. 2011. ParaStream: A parallel streaming Delaunay triangulation algorithm for lidar points on multicore architectures. Computers and Geosciences, 37(9): 1355-1363.

Wu S, Jiang D, Ooi B, et al. 2010. Efficient b-tree based indexing for cloud data processing.

Proceedings of the VLDB Endowment, 3 (1/2): 1207-1218.

Xiao W, Vallet B, Brédif M, et al. 2015. Street environment change detection from mobile laser scanning point clouds. ISPRS Journal of Photogrammetry and Remote Sensing, 107: 38-49.

Xiao W, Vallet B, Schindler K, et al. 2016. Street-side vehicle detection, classification and change detection using mobile laser scanning data. ISPRS Journal of Photogrammetry and Remote Sensing, 114: 166-178.

Xiong B, Oude Elberink S, Vosselman G. 2014. A graph edit dictionary for correcting errors in roof topology graphs reconstructed from point clouds. ISPRS Journal of Photogrammetry and Remote Sensing, 93: 227-242.

Xu H, Barbic J. 2014. Continuous collision detection between points and signed distance fields. Proceedings of Workshop on Virtual Reality Interaction and Physical Simulation, Bremen: 1-7.

Yan L, Liu H, Tan J, et al. 2016. Scan line-based road marking extraction from mobile lidar point clouds. Sensors, 16 (6): 903.

Yang B, Dong Z. 2013a. A shape-based segmentation method for mobile laser scanning point clouds. ISPRS Journal of Photogrammetry and Remote Sensing, 81: 19-30.

Yang B, Dong Z, Zhao G, et al. 2015. Hierarchical extraction of urban objects from mobile laser scanning data. ISPRS Journal of Photogrammetry and Remote Sensing, 99: 45-57.

Yang B, Fang L. 2014a. Automated extraction of 3-D railway tracks from mobile laser scanning point clouds. IEEE Journal of Selected Topics in Applied Earth Observations and Remote Sensing, 7 (12): 4750-4761.

Yang B, Fang L, Li J. 2013b. Semi-automated extraction and delineation of 3D roads of street scene from mobile laser scanning point clouds. ISPRS Journal of Photogrammetry and Remote Sensing, 79: 80-93.

Yang B, Fang L, Li Q, et al. 2012a. Automated extraction of road markings from mobile lidar point clouds. Photogrammetric Engineering and Remote Sensing, 78 (4): 331-338.

Yang B, Wei Z, Li Q, et al. 2012b. Automated extraction of street-scene objects from mobile lidar point clouds. International Journal of Remote Sensing, 33 (18): 5839-5861.

Yang J, Huang X. 2014b. A hybrid spatial index for massive point cloud data management and visualization. Transactions in GIS, 18 (S1): 97-108.

Yoon J, Sagong M, Lee J, et al. 2009. Feature extraction of a concrete tunnel liner from 3D laser scanning data. NDT and E International, 42 (2): 97-105.

Yoshimura R, Date H, Kanai S, et al. 2016. Automatic registration of MLS point clouds and SFM meshes of urban area. Geo-spatial Information Science, 19(3): 171-181.

Yu W, He F, Xi P. 2010. A rapid 3D seed-filling algorithm based on scan slice. Computers and Graphics (Pergamon), 34(4): 449-459.

Yu X, Hyyppä J, Kaartinen H, et al. 2004. Automatic detection of harvested trees and determination of forest growth using airborne laser scanning. Remote Sensing of Environment, 90(4): 451-462.

Yu Y, Li J, Guan H, et al. 2015. Semiautomated extraction of street light poles from mobile lidar point-clouds. IEEE Transactions on Geoscience and Remote Sensing, 53(3): 1374-1386.

Zhang H, Li J, Cheng M, et al. 2016. Rapid inspection of pavement markings using mobile lidar point clouds. International Archives of the Photogrammetry, Remote Sensing and Spatial Information Sciences, XXIII ISPRS Congress, Prague: 717-723.

Zhang J, Lin X. 2013. Filtering airborne lidar data by embedding smoothness-constrained segmentation in progressive TIN densification. ISPRS Journal of Photogrammetry and Remote Sensing, 81: 44-59.

Zhang K, Chen S, Whitman D, et al. 2003. A progressive morphological filter for removing nonground measurements from airborne lidar data. IEEE Transactions on Geoscience and Remote Sensing, 41(4): 872-882.

Zhao H, Shibasaki R. 2003. Reconstructing a textured CAD model of an urban environment using vehicle-borne laser range scanners and line cameras. Machine Vision and Applications, 14(1): 35-41.

Zheng G, Chen J, Tian Q, et al. 2007. Combining remote sensing imagery and forest age inventory for biomass mapping. Journal of Environmental Management, 85(3): 616-623.

Zhong R, Wei J, Su W, et al. 2013. A method for extracting trees from vehicle-borne laser scanning data. Mathematical and Computer Modelling, 58(3/4): 727-736.

Zhou L, Vosselman G. 2012. Mapping curbstones in airborne and mobile laser scanning data. International Journal of Applied Earth Observation and Geoinformation, 18(1): 293-304.

Zhu L, Hyyppä J. 2014. The use of airborne and mobile laser scanning for modeling railway environments in 3D. Remote Sensing, 6(4): 3075-3100.

Zia M, Stark M, Schindler K. 2013. Explicit occlusion modeling for 3D object class representations. Proceedings of the IEEE Computer Society Conference on Computer Vision and Pattern Recognition, Portland: 3326-3333.

Ziegler A, Giambelluca T. 1997. Importance of rural roads as source areas for runoff in mountainous areas of northern Thailand. Journal of Hydrology, 196: 204-229.

Zogg H, Ingensand H. 2008. Terrestrial laser scanning for deformation monitoring-Load tests on the Felsenau Viaduct（CH）. International Archives of Photogrammetry and Remote Sensing, 37: 555-562.

Zwally H, Schutz B, Abdalati W, et al. 2002. ICESat's laser measurements of polar ice, atmosphere, ocean, and land. Journal of Geodynamics, 34(3/4): 405-445.

彩　　图

(a) 背包式激光扫描系统操作现场图

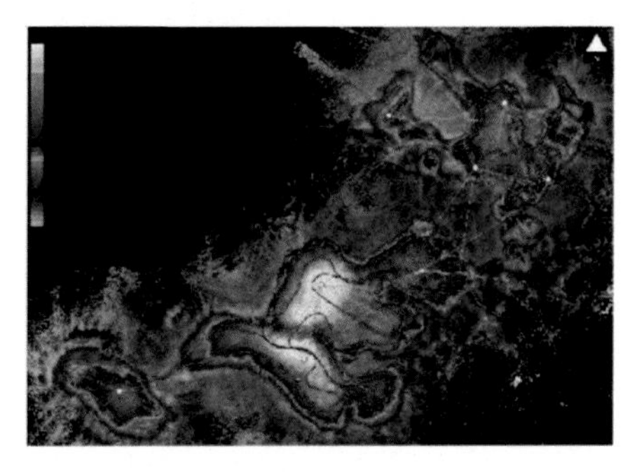

(b) 背包式激光扫描系统获取的点云数据和扫描轨迹(粉色线)

图 2.6　背包式激光扫描系统及样例点云数据和扫描轨迹(Kukko et al., 2012)

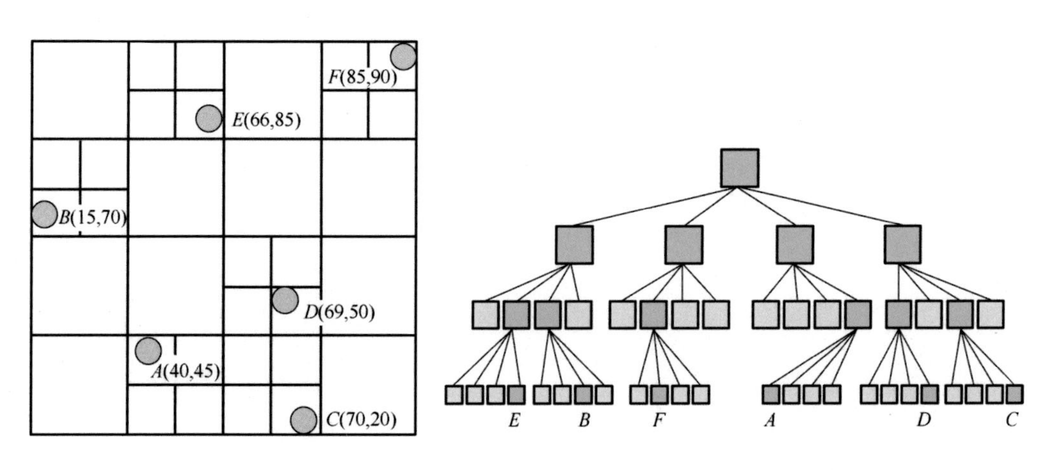

(a) 基于trie的四叉树的空间剖分

(b) 四叉树的层次数据结构

图 3.3　使用基于 trie 的四叉树和相应的树数据结构进行空间剖分的示例

内部和叶节点为绿色，空节点为浅绿色

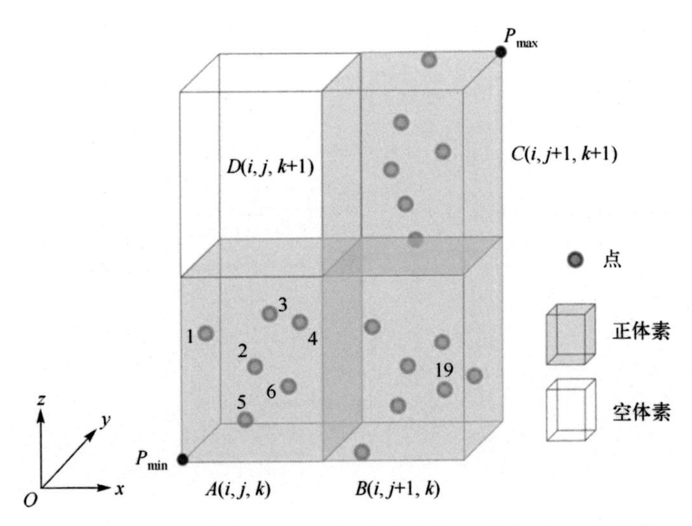

图 3.5　利用三维欧氏空间中的体素单元进行点云重采样

点是每个体素单元内部的点，体素边的大小可以不同

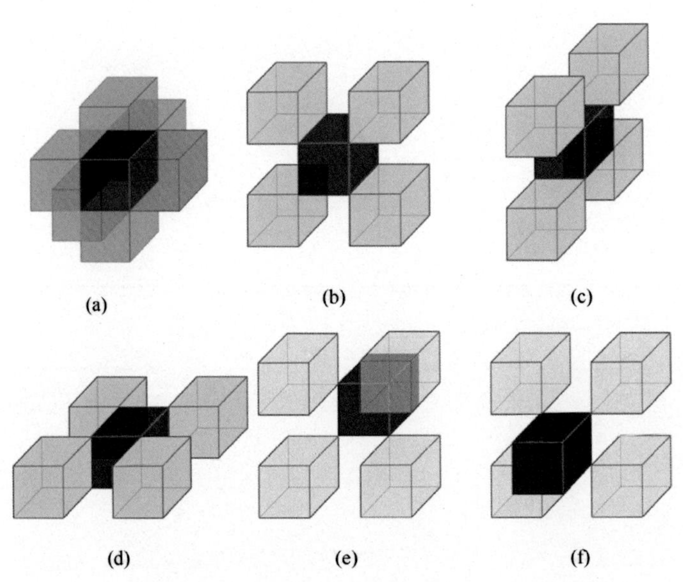

图 3.6　三维欧氏空间中的体素单元及其 26 个邻域单元
(其中红色单元为查询单元)

(a)为面邻域；(b)、(c)和(d)为边邻域；(e)和(f)顶点邻域

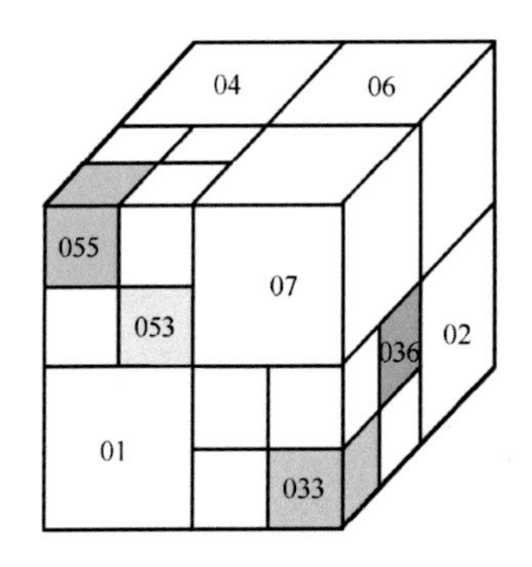

(a) 基于八叉树的笛卡儿空间细分和体素索引

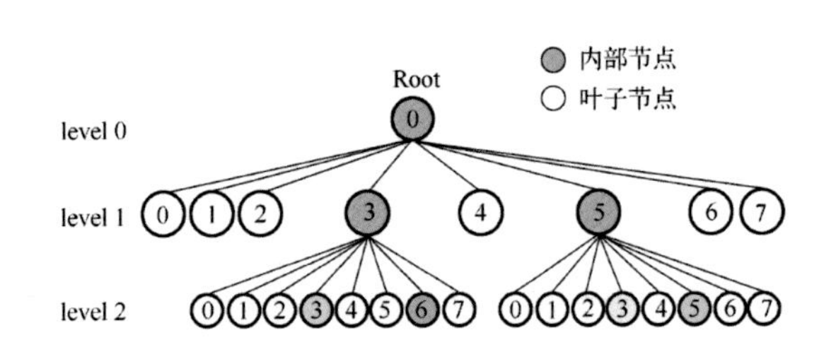

(b) 八叉树分层数据结构

图 3.7 基于八叉树的空间剖分及其层次结构

图(a)中左上角的体素编号为 055，表示在图(b)的层次结构中可以找到该体素的位置

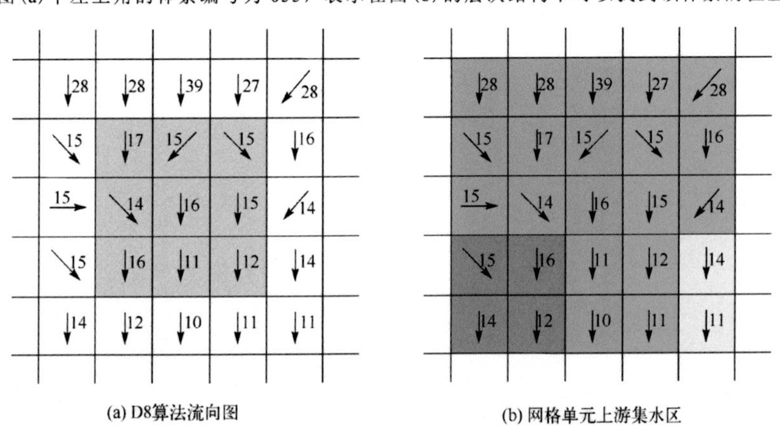
(a) D8算法流向图

(b) 网格单元上游集水区

图 4.8 D8 算法

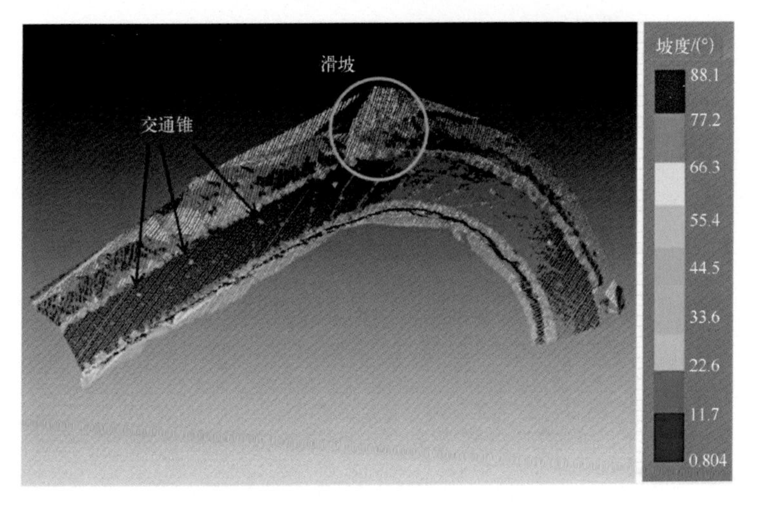

图 4.10 研究路段各点二维坡度

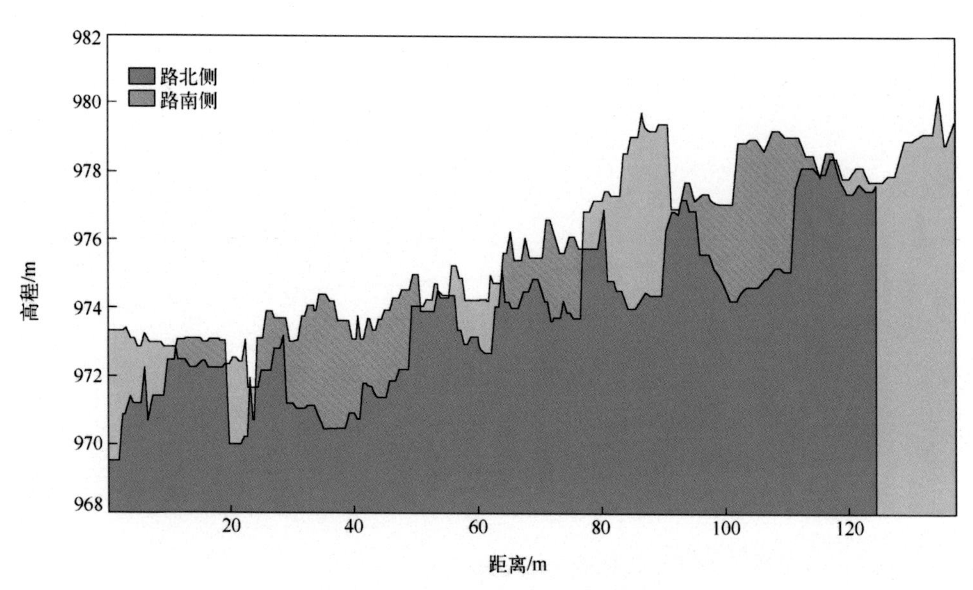

图 4.13 扩展路边的轮廓高度
浅蓝色和浅棕色对应于北部和南部道路一侧

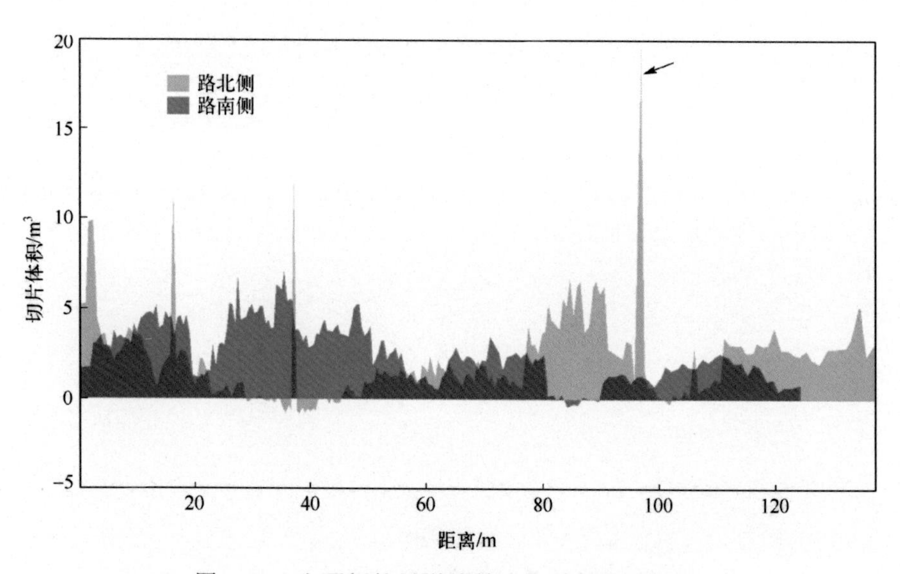

图 4.14 由两侧扩展道路轮廓计算的切片体积

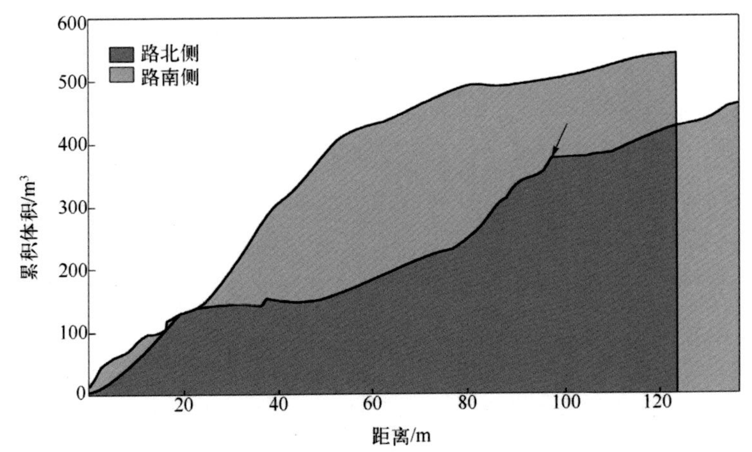

图 4.15　扩展路边的累积体积

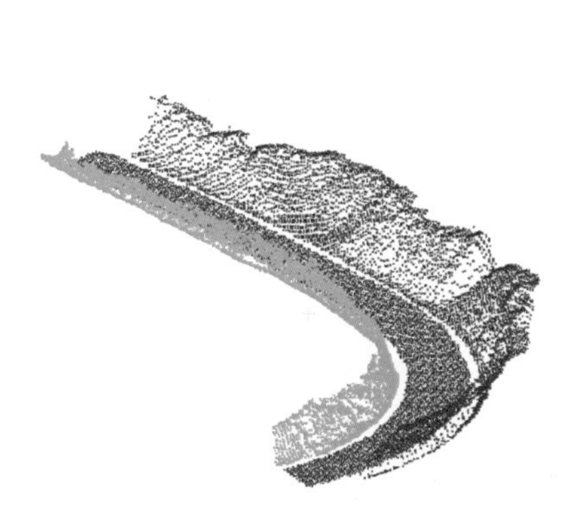

图 4.16　道路点云分割结果

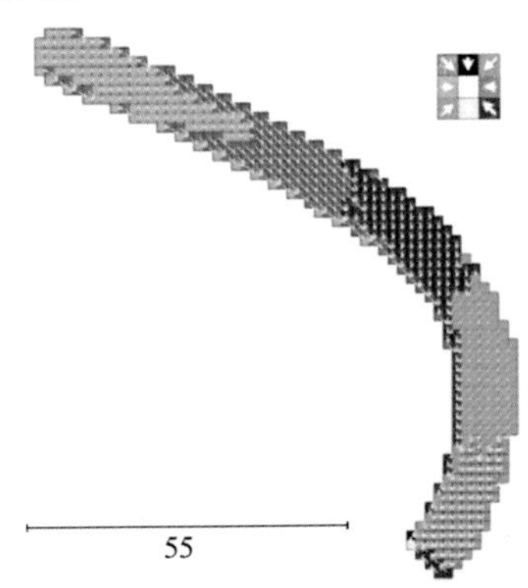

图 4.17　各网格单元上的道路水流方向

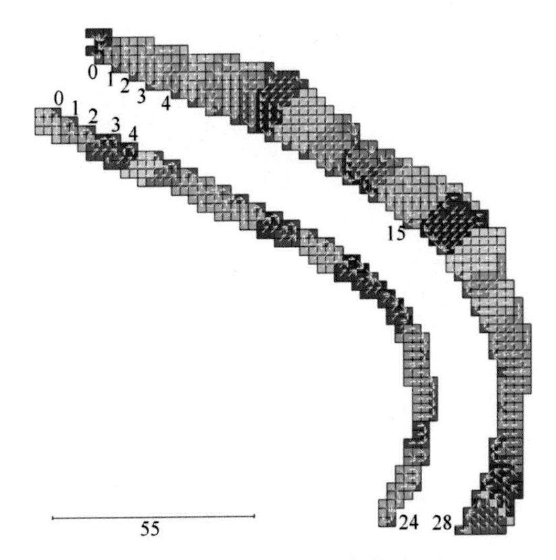

图 4.18　标注的路边集水区

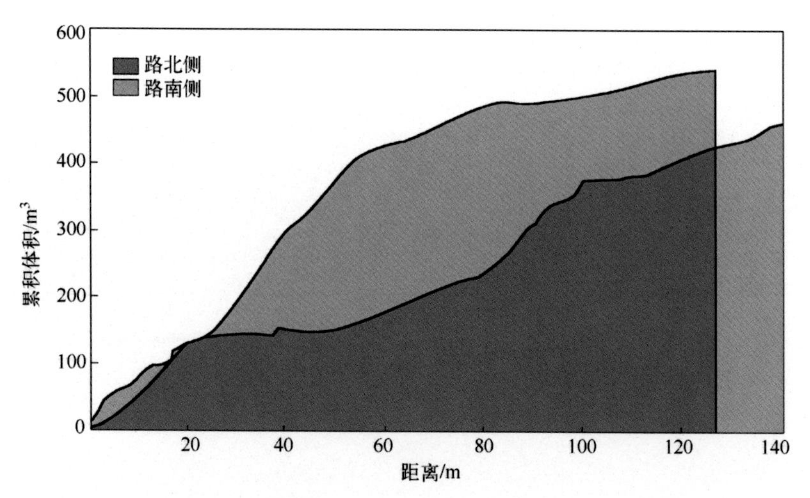

图 4.24　根据第二次采集的点云数据计算的路边拓展的累积体积

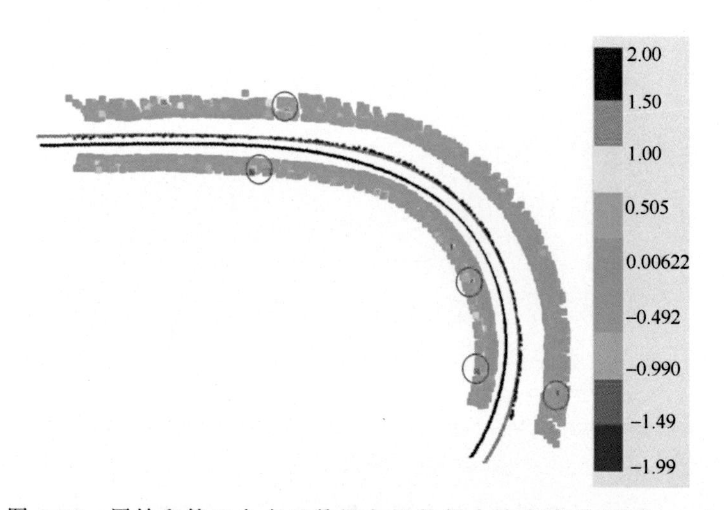

图 4.25　原始和第二个点云数据之间的每个块高度差(单位：m)

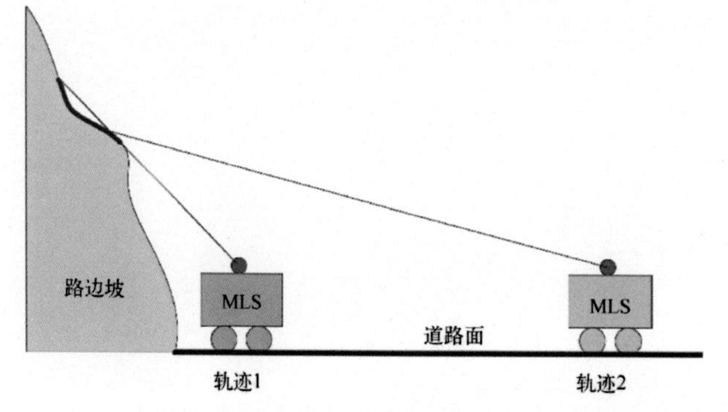

图 4.26　车载激光扫描系统与陡峭道路边坡之间的几何关系

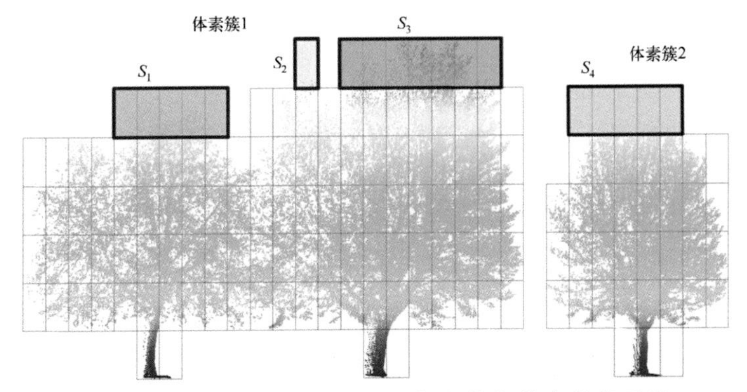

图 5.2　相邻单元自上向下聚类成潜在单木的种子簇

S_1、S_2 和 S_3 是第 1 簇的潜在种子点，S_4 是第 2 簇的潜在种子点

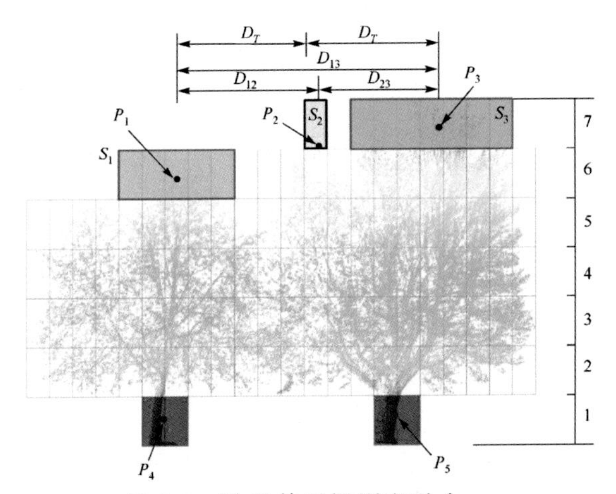

图 5.3　种子单元识别和融合

D_{23} 小于预设的最小树冠直径 D_T，因此将种子 S_2 和 S_3 合并为一个新的种子单元

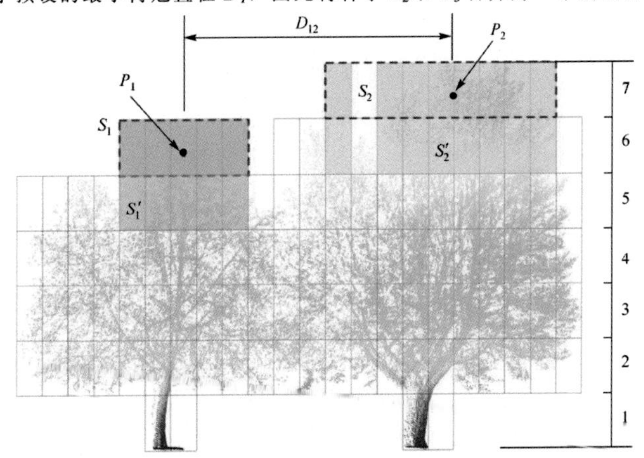

图 5.4　上层种子标识继承

下层的种子标识 S_1' 和 S_2' 都是从上层的种子标识 S_1 和 S_2 继承的

图 5.5 相邻单元的分割

种子点 S_1 和 S_2 的边缘单元将用来计算同一层未分配体素单元的连接系数，如 d、e、f 和 g 等

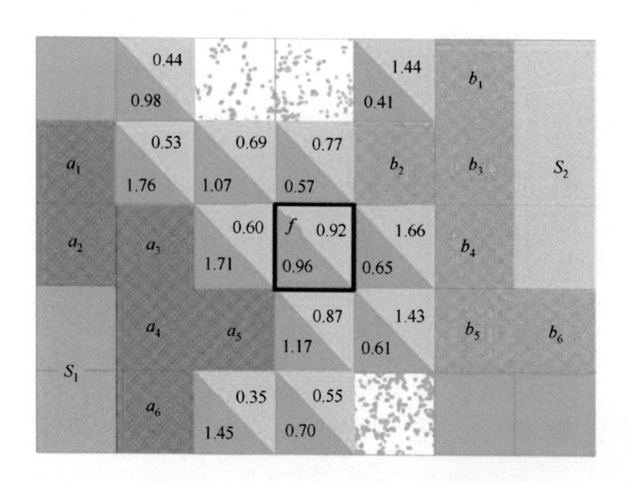

图 5.6 未分配单元连接系数值的计算

未分配单元将会分给具有较大连接系数值的树木，例如单元 f 将会分配给 S_1

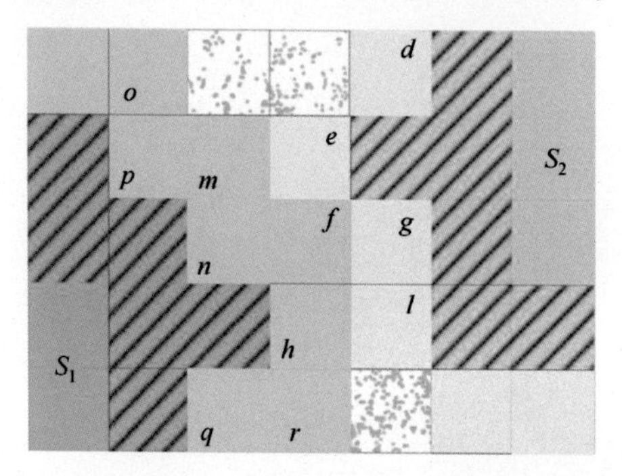

图 5.7 单元分配结果(所有未分配单元都分配给了对应的单木体素簇)

(a)原始点云图

(b)分割结果图

图 5.12　无树干点云数据的单木分割结果

(a)试验区域

(b)地面点和原始分割树木点

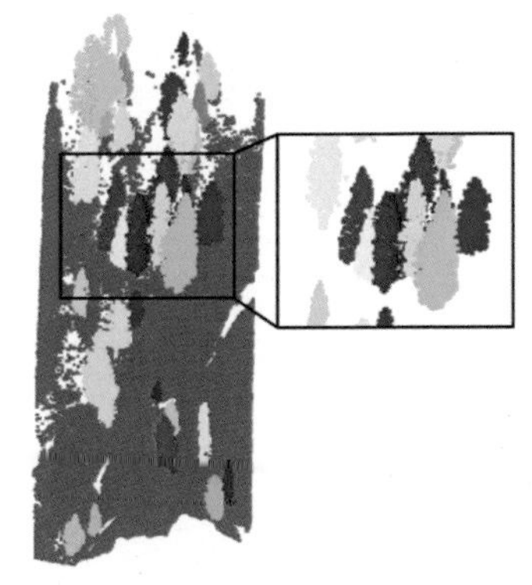

(c)陡峭地形单木分割结果

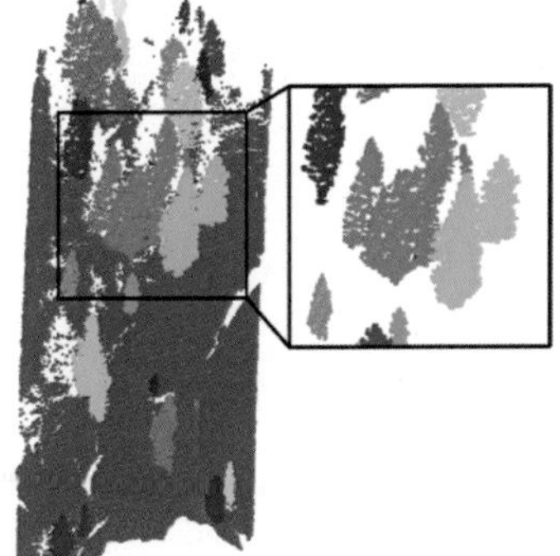

(d)采用 Wu 等提出方法的单木分割结果

图 5.13　陡峭地形的单木分割结果

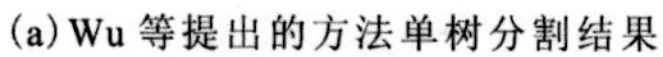

(a) Wu 等提出的方法单树分割结果　　(b) VoxTree 方法分割结果

图 5.17　两种方法的单木分割细节

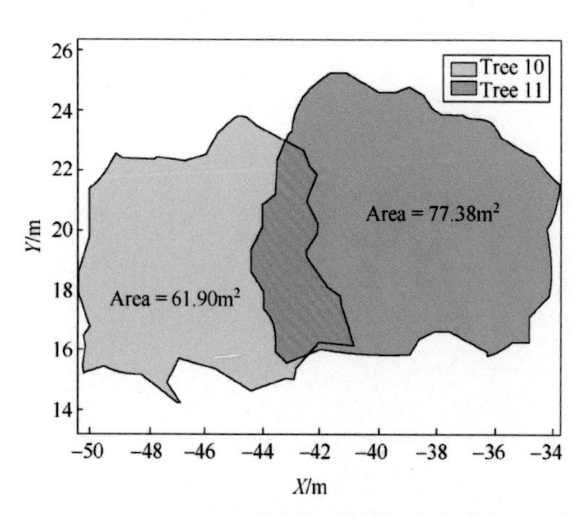

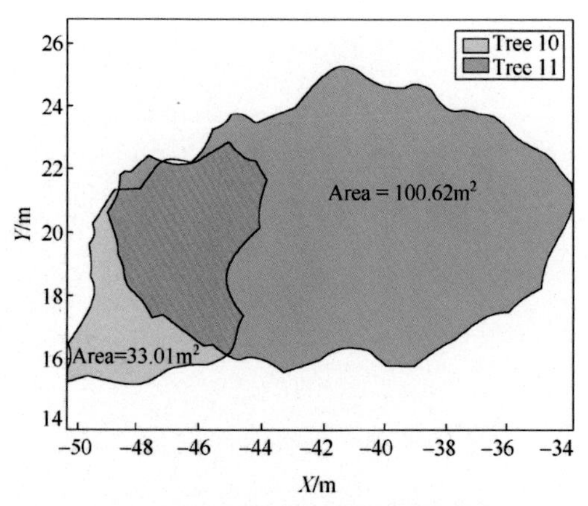

(a) Wu等提出方法的冠层面积计算　　(b) VoxTree算法的冠层面积计算

图 5.18　10 号树和 11 号点云树冠层面积计算

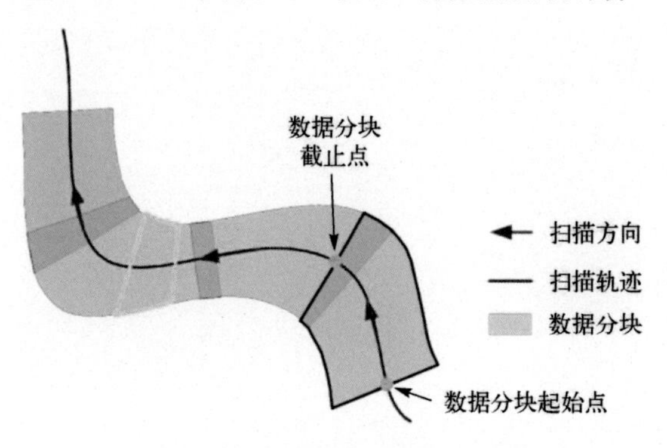

图 6.2　沿道路走向对原始 MLS 点云数据进行分块

不同的颜色表示不同的图块

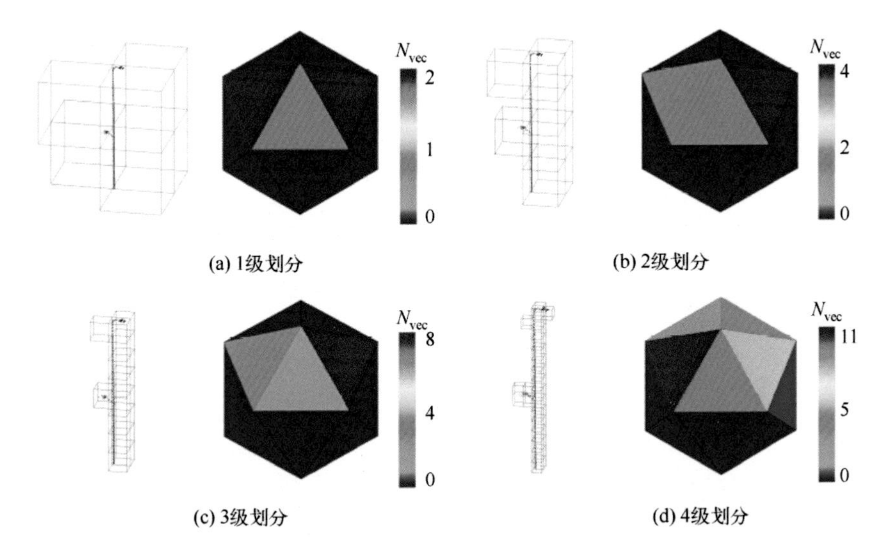

(a) 1级划分　　(b) 2级划分

(c) 3级划分　　(d) 4级划分

图 6.7　通过八叉树和相应特征球将灯杆递归划分为四个级别

在不同的细分区域中，红色、绿色和蓝色八分框分别表示线状、面状和散射状体素

(a) 4公里长的扫描轨迹俯视图

(b) 按高程着色的原始点云俯视图

图 6.10　扫描轨迹和点云俯视图

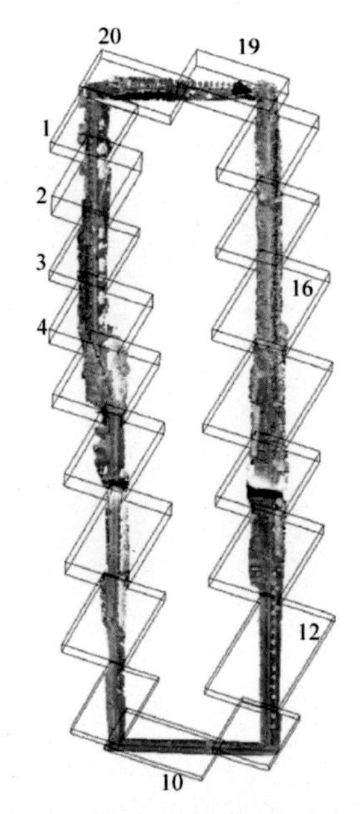

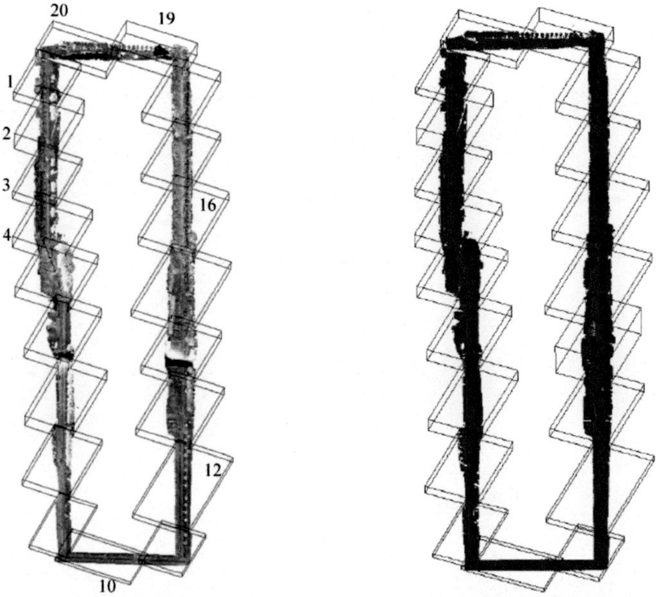

(a) 将点云分为20块小点云(每块点云包含大约400万个点)

(b) 分离结果

图 6.11　第一组点云数据的分块和非地面点分离结果

地面点用蓝色表示，非地面点用红色表示。点云分块时已将距离扫描轨迹超过 20m 的点剔除

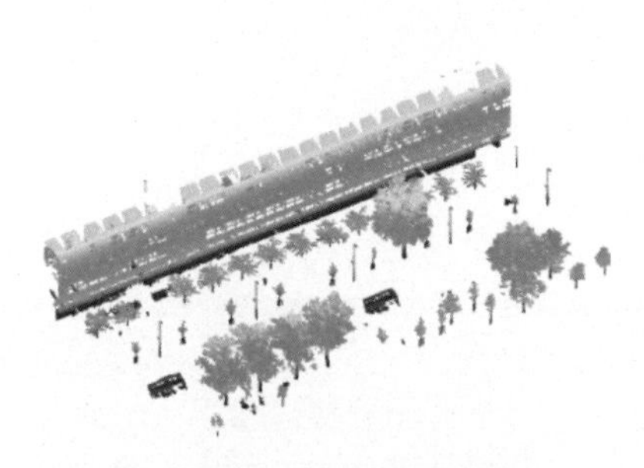

(a) 点云块 3 的原始非地面点

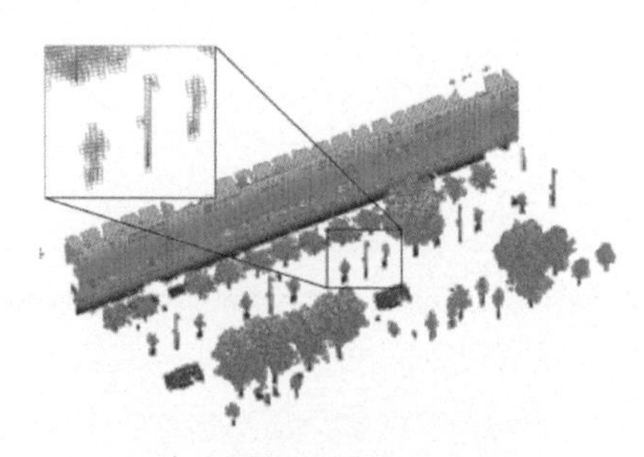

(b) 非地面点的体素化结果

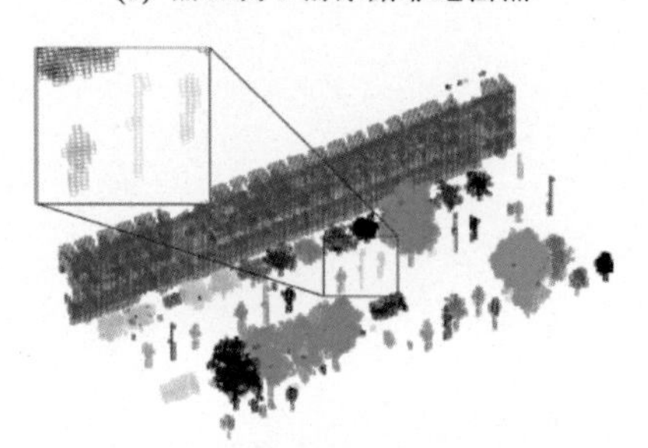

(c) 邻接体素聚类结果

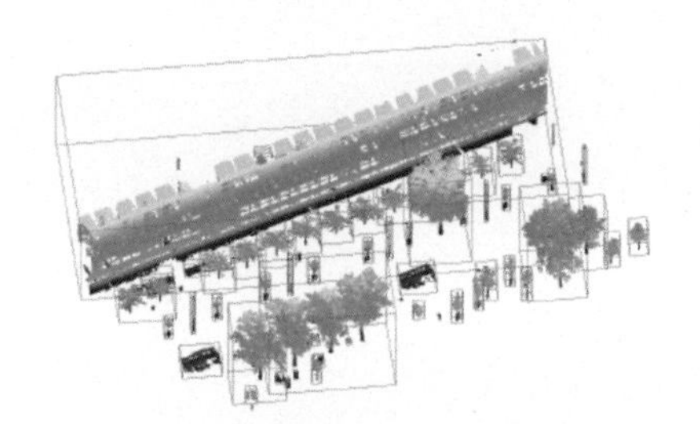

(d) 点元聚类的三维包围盒

图 6.12　非地面点点云块的体素化和聚类的结果

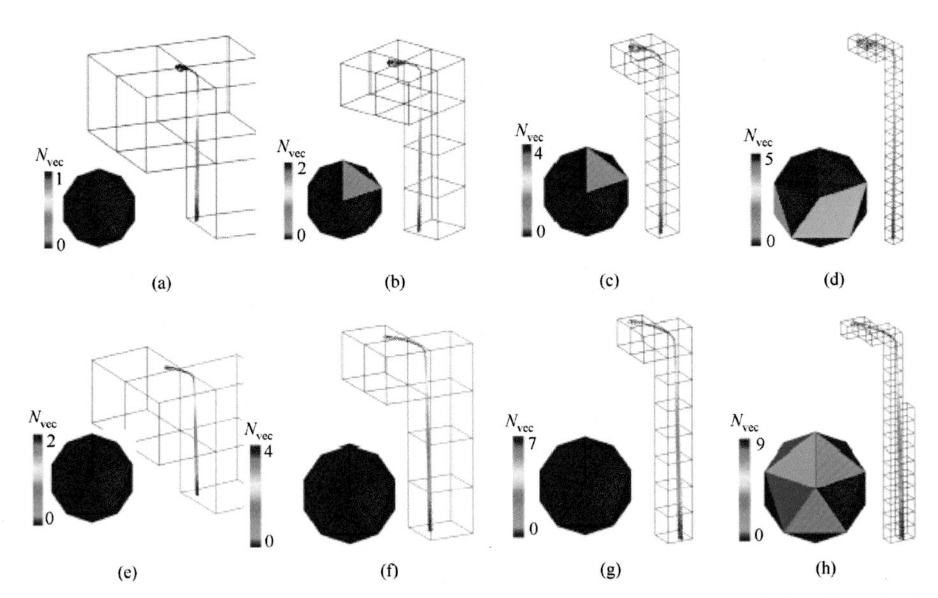

图 6.14　Pole 2 和 Pole 4 的 4 个级别的体素划分和相应的 SigVox 三维特征描述算子

图(a)～(d)是 Pole 2 在 1、2、3 和 4 级的体素划分和 SigVox 特征描述算子；

图(e)～(h)是 Pole 4 在 1、2、3 和 4 级的体素划分和 SigVox 特征描述算子；

体素以红色、绿色和蓝色分别表示每个体素内点的线状、面状和散射状的几何特征

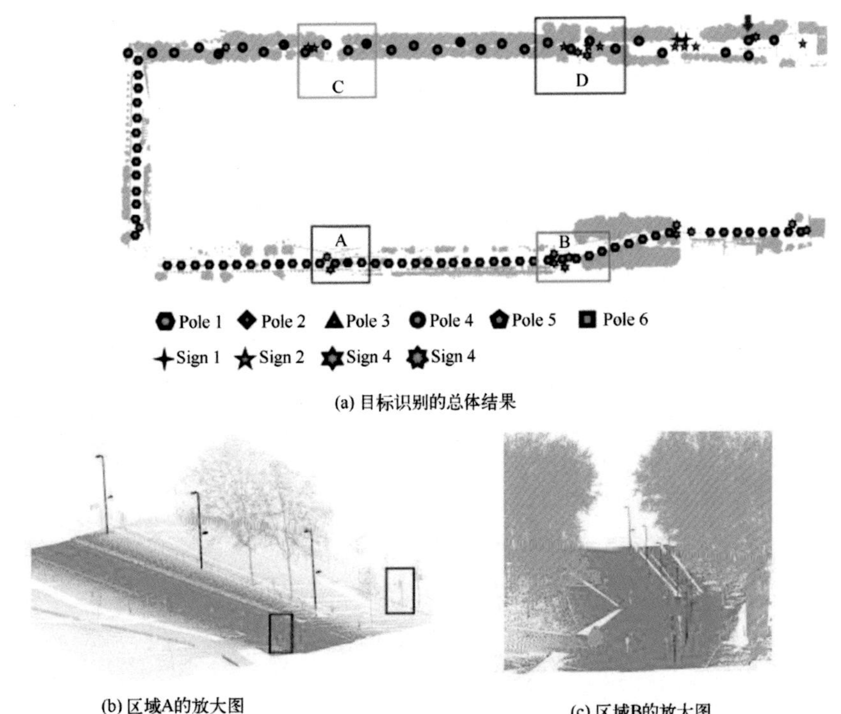

(d) 区域C的放大图

(e) 区域D的放大图

图 6.16　研究区域北部的街道物体识别结果

不同的图标表示不同的路灯杆和交通标志类型；图(a)中成功识别的目标以绿色表示，遗漏的目标以红色表示；每种目标类型都有不同的颜色

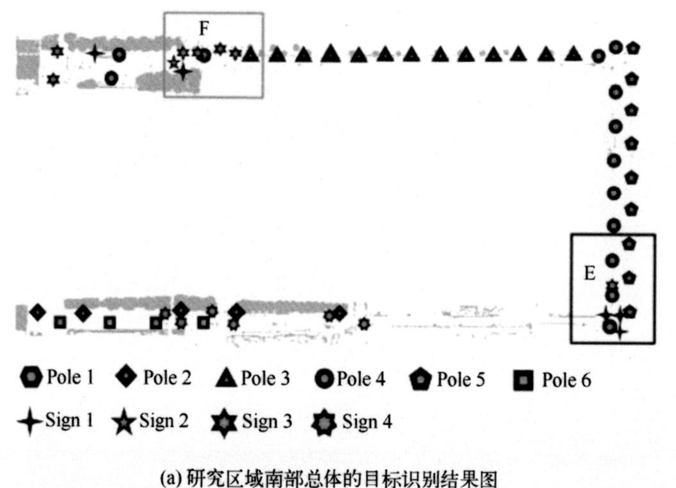

(a) 研究区域南部总体的目标识别结果图

(b) 区域E的放大图

(c) 区域F的放大图

图 6.17　研究区域南部的街道目标识别结果

红色椭圆表示未探测到交通标志